Leader Culture

Lead the Way! Be Your Own Leader!

Leader Culture

Lead the Way! Be Your Own Leader!

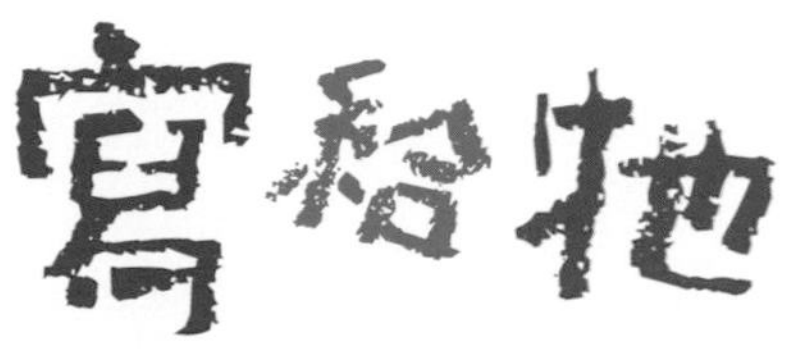

最珍貴的朋友&家人

牠們是我們最甜蜜的負荷，也是我們生命中最珍貴的伴。

別讓「領養代替購買」淪為愛心氾濫的口號，

而是做為一種正在落實的生命態度。

力得文化編輯部 /企畫

編者序

每每看到毛孩們玩耍的圖片、毛孩們賣萌犯蠢的影片，總會被洗淨竟日的疲憊與煩躁。

自小住在大樓裡的我，只能偶爾抱抱親戚們的寶貝，偶爾餵食牠們。即使那些時間都只是轉瞬之間，也會使我感到十分幸福、萬分歡快。

羨慕那些有屎可鏟的鏟屎官，羨慕那些被毛孩拖著運動的主人們，下班後有等門的小可愛，假日可以帶牠們去踏青跑跳，冬日能依偎著肉球暖暖包取暖。

然而，主人之所以為主人總在那一聲輕喚，上一秒還躺在我懷裡撒嬌的毛孩會因為主人發出的聲響而掙脫，毫不戀棧地拋下孤獨失落的我而遠去。

所以，我總是想，未來的某天我也會成為誰的主人。

我會聲聲呼喚牠的名字——那個我幫牠精心挑選的響噹噹名號，我會輕輕撫摸牠的毛髮——那些我為牠梳洗打理的短短長長，然後，我會癡癡凝望牠享用我為牠準備的食物和水……

光憑想像，就能讓我無所謂生活的大不易與時光流逝的猖狂。

我始終相信，人與毛孩間的愛並不亞於人類對自己小孩的愛。而愛恰恰是這社會最被需要也最為珍貴的資產。

本書希望藉寵物主人與他們寶貝之間的互動來引發讀者共鳴，讓有養寵物的飼主感同深受，讓喜愛動物的人們體會到毛孩所賦予的撫慰力量，更期望能讓普羅大眾建立「以領養代替購買」的觀念。

飼養寵物是甜蜜的負荷，飼養寵物是任重道遠的。決定養育牠們之前，我們必須衡量並確認自己有足夠的能力會愛牠直到永遠；決定飼養牠們的那一刻起，我們就要信守承諾，只因為這份愛必須不離不棄、永恆長久，更因為牠們不會在我們生老病死時棄我們於不顧，牠們會陪伴我們度過生活中的各種困頓與苦悶，而我們又怎能在牠們衰老或患病時任意棄養呢？

願所有寵物主人都是有愛心、耐心與責任心且珍愛生命之人。

謝謝翻開了這本書的你，希望我們都能在「愛」中更成長。

目次

Dear My Dogs

Dear My Cats

Dear My Parrot

Dear My Hamster

Dear My Dogs

李明書

李明書，人稱李龍爸。臺灣大學哲學博士，於大學擔任助理教授。長期在《全國新書資訊月刊》及各報章發表文章，曾獲蕭毅虹文學獎、兩岸犇報青年徵文獎等文學獎項。藉由養狗，培養出對於動物的關懷與深摯的感情，化作文字與主人們共享飼養毛寶貝的喜悅。

廖家均

廖家均，人稱龍龍媽，專長為老人與狗，曾任編輯、企劃及電商公司撰稿。目前投身慈善工作，並擔任出版社特約作者、採訪編輯，代表作品為《逐夢計畫：35 個點夢成真的一句話》，現旅居武漢。

粉絲專頁：龍龍寶吉揪大心 @fatfatdog

王瑜涓

王瑜涓，如瑜玉溫潤，如細流涓涓雋永。

是受寵女兒、小白老師、幸福人妻，也是部落客。

生命的三分之二以上都有毛孩子相伴。

熱愛教學、喜歡旅遊、關心生命、實踐減塑。

菲 婭

行銷企劃人，整天都想著如何在路邊搭訕動物的莫名女子。

粉絲專頁：海賊貓 Luffy 的生活日記 @piratemeowluffy

生命中的第一個牠——仔仔

小學三年級之前，家裡養過各種小動物，舉凡寵物鼠、烏龜、鳥類、魚……等等，雖然家人都盡心照顧，但是印象一直都不深刻，可能是較無法理解牠們的想法吧！

某一天，就讀小六的哥哥在班導詢問有沒有人要養狗時，便用迅雷不及掩耳的速度拔得頭籌，然後，當天放學後，他就牽著你來到了我們家。第一眼就看到你那飽和的咖啡色虎斑花紋，棕色眼睛又大又亮而炯炯有神，一看就知道你會是個小皮蛋。那時還不滿一歲的你，絲毫不怕生，一到家裡就到處嗅、到處聞，鐮刀狀的尾巴非常有精神地搖擺，依稀記得被你尾巴掃到很痛（笑）。

聽說，你的媽媽是血統純正的台灣土狗（那時候還沒有國際認證），好像還有參加過比賽呢！當時我就想：哇！那你以後一定會很多才藝！可惜，到頭來，你一項才藝也不會……

我的小學、國中時期都有你相伴左右，你是我的好玩伴，雖然你只認爸爸當主人，其他家庭成員都只是你的平輩，是的，包含媽媽（媽媽一直覺得難過……）。

記得你最喜歡去散步了，每次我都會捉弄你，跟你說要去散步，你的尾巴就會快速搖擺，這時我就會跟你說：「騙你的啦」，然後你的尾巴便會立刻無精打采地低垂。我說「散步」而你會歡喜躍動，我說「騙你的啦」而你又垂頭喪氣，這樣的模式，不管玩過

多少次，你都一定會上當，最愛你的單純天真。

一起去散步時，你非常有交通觀念，不管怎樣都會靠右行走，但是呢！力大無比的你，總愛拖著我超速狂奔，都不知道到底是誰在遛誰（無奈攤手）。

顧家的你，每次有陌生人靠近，吠叫聲總會響徹雲霄。不過聽鄰居說，家裡沒人的時候你就不會叫……這……是不是太會巴結了呢（笑）！

有被害妄想症的我想測試看看：如果我遇到了壞人，你會不會保護我，於是，請鄰居妹妹假裝打我、推我，藉此觀察你的反應。本以為你不會加以理會，畢竟你最愛的人是爸爸，但出乎意料的，你疵牙咧嘴，比平常都憤怒，甚至還站了起來，像是要用盡全身力氣掙脫鏈子衝過來保護我！看到這一幕的我，真的好感動！好感動！直到現在，那畫面還是清晰可見。

然而，國三那年的冬天，是你來到我們家的第七年。那天，我永遠記得，天氣很冷，我的心也很冷，怎麼也沒想到那會是我們緣分的終點。

清晨，我以為這仍是平凡的一天，還懶散地賴在床上不想起床去上學。突然聽到媽媽慌慌張張上樓的腳步聲，然後便聽見她哭著跟我說：「仔仔死了……」。我立刻從床上彈跳而起，腦袋忽然瞬間清醒，雖然還不明白發生了什麼事，但我的直覺反應是跟媽媽說：「妳騙人！」，一換好衣服便往樓下衝去。不安與惶恐占據我的心，在下樓時也一邊問媽媽到底發生怎麼事，她一把抓住我，告訴我：「半夜對門的鄰居殺了仔仔，但是這件事不可以張揚，因為對方並非善類，我們要先保護自己。」聽到這裡，我真的完全無法接受，雖然明白媽媽的意思，但我仍震驚得無法言語。

我反覆地深呼吸試圖讓自己冷靜下來，再一步一步地走向門口，心中還期待媽媽是騙我的，迎接我的還會是那個用傻呼呼的笑臉吵著要我陪你玩的小可愛，可是，映入眼簾的卻是滿地的血跡以及倒在血泊中的你。你僵硬著身體，一動也不動，你張著雙眼，眼神中盡是驚恐、怨恨和痛苦，好像訴說著「為什麼要這樣對我」、「為什麼沒有人救我」……我任憑淚水潰堤，摸摸你、抱抱你，呼喊著你的名字，我的心好痛……真的好痛……我好恨自己，為什麼沒聽到你的求救聲？為什麼沒有把你保護周全？

那位對門鄰居的年邁父親並不知情，也前來表示關心。看我哭成這樣，便說：「丟幾家告，那欸靠嘎安捏，賣考啊啦！（台語）」（翻譯：就一隻狗，怎麼哭成這樣，別哭了啦！），我憤怒地抬起頭，不管他是不是長輩就回嗆：「就算是一隻狗也比你還重要！」其實當時真的很想直接告訴他：就是你兒子殺的！你居然還在那邊講風涼話！但我還記得媽媽剛才的叮嚀，也明白這些話語的重要性，只能把憤怒憋在心裡，不斷地咒罵著。

爸爸趕我去學校後，自己偷偷地把你載去某個地方埋起來了，即使到現在，都已過了十幾年，我還是不知道你到底在哪裡長眠……

我國中時期第一次的遲到就因此獻給你了，那天，平常大姐頭性格的我把雙眼哭腫地去到學校，第一次在大家面前顯現出這樣脆弱的一面，把同學們都嚇傻了，他們紛紛來關心我，而我泣不成聲，整天無心上課，就這樣熬到了放學。

回到家，看著空蕩蕩的狗屋，我才不得不面對現實，冷靜地問爸媽昨晚到底發生了什麼事。因為我的房間離陽台較遠，隔音又好，什麼都沒聽到。

爸媽告訴我，那晚，夜深人靜時，有個人悄然靠近，你盡責地吠叫，卻換來一陣毒打，你的哀嚎聲驚醒了鄰近陽台房間內的爸媽。爸爸對那人說：「你在做什麼？」對方惡狠狠地回了句：「要你管！」便悻悻然離去。過沒多久，那人又來了，你依然勇敢地吠叫，試圖將之驅趕，爸媽本想著可能是你平常太兇，嚇到了人，所以對方過來教訓一下，畢竟鄉下地方，大家還是講求敦親睦鄰。而這次，你哀嚎了一聲就停止了，爸媽聽見那人回家拉下鐵門的聲音則沒有加以理會，後來還聽見你在狗屋裡有些微的動靜，就沒下樓查看了。沒想到，隔天一早他們便見到我所看到的這個景象……我邊聽邊哭，覺得自己救不了你，好自責沒能幫到你，也好後悔平常沒有對你好一點。

我上樓用信紙寫了好多要跟你說的話，然後到你的狗屋前燒給你，天真地以為這樣你就會收到，我也常常在門口把玩你的鍊子，故意弄出聲響，因為以前你只要一聽到鍊子的聲音就知道要帶你去散步，會很開心地搖著尾巴，在我身邊繞來繞去、跳來跳去。我以為晚上睡覺你會到我的夢裡來，可是你從未出現過……

或許，你已經去到更好的地方了吧！只是不管如何，你都是我的家人！

再見，仔仔，我愛你。

給無緣的女兒——妹妹

家中原有三隻博美，一隻是白色的女生——大心，另外兩隻是褐色的男生——龍龍與寶吉，不同的性別，帶給一個家的感覺與氛圍有著很大的差異。女孩子的溫情與貼心，是男生難以展現的。自從 2016 年 5 月，大心過世後，雖還有龍龍與寶吉在，但偶爾難免會自私地想著：如果大心還在，那會是什麼樣的情景？如果還有女兒，是不是能為家裡帶來更多的溫暖與歡樂？

雖是這麼想著，但是這種事畢竟不能強求，常常看到領養的分享文，除了看看樣子投不投緣之外，也得評估自己目前的條件是否還能再養第三隻狗。直到 2017 年 11 月，看到內湖的中途之家發佈的訊息：有一隻褐色母狐狸博美——中途暫時為牠取名為妹妹——正在找尋適合的主人領養。當時看了幾張照片，感受到妹妹雖然疑似被棄養，但臉上仍洋溢著相當開懷的表情，這讓我印象非常深刻。而牠這種樂觀的特質，正是我們家，甚至是每個家庭都相當需要的。於是我們決定去了解一下情況，並帶著龍龍與寶吉一起去和妹妹互動，觀察牠們相處的情形。

相處了短短兩、三個小時，感覺得出妹妹是個樂觀、開朗，而且相當活潑的女孩，不斷地在我們周圍跑跳，又不時散發出女孩的溫柔與貼心。寶吉較為膽小，在家中地位較低，一旦到了陌生環境，通常會找角落躲起來，或是靠在主人身邊討抱抱；龍龍地位較

高，對新鮮事物也比較好奇，遇到妹妹，牠先嗅聞對方氣味，漸漸開始與妹妹互相追逐、嬉戲，會去喝妹妹水碗裡的水，甚至趴在妹妹的床裡好幾次，基本相處還算良好。而妹妹的體型比龍龍稍微大了一點，約莫有兩公斤重，牠活動力非常旺盛，動作也很靈活。通常這種類型的狗，會因為一時玩得太瘋，而失控傷及主人或其他狗狗，但可能是因為本性善良或是自制力算強，妹妹雖然活潑卻很有節制，與龍龍的互動很有分寸。

我們心裡覺得應該沒有什麼問題，就讓牠們繼續互動，當牠們走到我們身邊時，我們會輪流抱起牠們，也藉此觀察牠們被抱起時的情形。狗狗被人抱的時候，會產生各種各樣的反應，有些會極度抗拒，有些會整隻癱在主人懷裡，有些則會將抱牠的人視為自己的所有物，如果有他人或他物觸碰此人，就會變得憤怒而出現想咬對方的動作。我與內人輪流抱了妹妹，也個別測試情況，很幸運地都沒有出現這些問題。妹妹很自在地在我們兩人的懷裡，而且任憑我們撫摸與擺佈。中途的主人告訴我們：妹妹其實並沒有表面上看起來那麼隨和，之前有些人來看妹妹時，妹妹也有出現躲避、意興闌珊的情況，這更讓我們覺得，妹妹與我們有特殊的緣分，所以牠努力地表現自己最好的一面，想讓我們知道，牠和我們是可以成為一家人的。

然而，就在探望接近尾聲時，我們一邊抱著龍龍，一邊與中途主人持續談論妹妹的狀況，唯恐有遺漏之處。就在此時，妹妹出現了較為激烈的反應，牠對我們懷中的龍龍露出憤怒的臉色，還發出低吼的警告聲，龍龍見狀，也用一模一樣的方式回應，直到我們把龍龍放到地上，讓牠們再重新相處一陣子，之後，牠們之間緊張的氣氛才逐漸消除。只可惜，在我們多觀察了一段時間後，這情況並未能妥善地解決，妹妹總是特別在意我們抱龍龍。如今，回想起那時的情景，仍讓我感到惋惜不已。

後來，重新省思妹妹與龍龍為何會如此爭鋒相對的原因，主要應是因為龍龍在家中是長子，在狗狗的世界，牠是領導者，寶吉很甘願地屈居第二，每每牠們有爭吵，寶吉一定很快地就臣服於龍龍的威勢之下。而妹妹初遇龍龍、寶吉，牠對寶吉不以為意，同時，牠也很快地就意識到龍龍在家中的地位，因而認為自己可能需要與龍龍競爭，最明顯的競爭方式，就會表現在當龍龍在主人懷裡的時候，妹妹會認為如果能夠立刻把龍龍擠下來，並投入主人的懷抱裡，那牠就獲勝了，也能成為家中領導者。當然，我們相信妹妹是善良的，牠一定不會無時無刻想要壓制龍龍，而是會友善地與龍龍分享生活，只是在狗狗社會中，唯獨不能共享的，就是只能有一個的領導者地位。

我們回家討論許久後，向中途道歉，表示無法收養妹妹。我們考量過許多可能，我們可以投入更多時間，幫助牠們確立在家中的地位，例如食物優先給龍龍，外出時讓龍龍走在最前面，經過一定時間的相處，牠們一定可以改善這個問題。然而，我們唯獨不能確定的是，如果家中無人時，牠們必須自行溝通、競爭，這過程是否會造成較嚴重的傷害，畢竟有些傷害可能是我們難以承擔、無法承受的。

回絕中途之後，我感到非常不捨。不捨的不僅是因為不能養妹妹，更多的是看到妹妹以如此開朗的態度面對曾被遺棄的過去，而我們卻仍無法給牠一個承諾，只剩下無形且無力的祝福。

值得慶幸的是，不到一週的時間，妹妹就遇到了適合的認養人，將我的遺憾掃蕩一空。

或許，所有的生命都一樣，需要湊巧且獨特的緣分才能聚集在一起，要延續緣分且讓關係長久維繫則更顯困難，但要拒絕或結束一段關係，或許只需要一、兩個原因，如同妹妹與我們一樣。不過，我願意且永遠相信，雖然妹妹與我們的緣分不夠深，但牠的良緣一定會在更美好的地方發展下去。

望子成龍的一封信——致龍龍

龍龍，你是我們家養的第一隻狗，棕色博美，兩個月大就帶回家，當時你才兩百公克，如同我們的第一個兒子一般。剛到家裡時，時時細心呵護，唯恐你過冷過熱，各方面反應只要略有反常，我就覺得世界好像要崩塌了，不計一切地要了解是怎麼回事，並且用盡一切努力想讓一切回復正常。

最誇張的是剛開始讓你與我們一起睡時，你大約已有六百克重了，但我心想，一張棉被有一公斤左右的重量，若壓在一條只有六百克的生命上，豈不是會把你給壓扁？於是，我另外準備毯子，不讓你蓋我的棉被，也很擔心你在睡覺的過程中不小心鑽進棉被裡，又不小心被壓死，因此我幾乎每半小時就會醒來確認一次。直到現在，你都四歲了，每晚在棉被上、棉被下都能睡到打呼，甚至還翻著肚子夢周公。

不知過了多久，我才想通這件事：即便當時棉被比你重，但是棉被是攤開來的，再怎麼樣你也只是覆蓋棉被的一小部分，而不是棉被整個集中地壓在你的身上，所以無論如何你也不會被棉被壓死。雖是如此，這種擔心的念頭不斷在我教養你的過程中蔓延，導致很多時候，我的過於操心與教育方式不再能順應狗狗本身的特質與習性，而是我太過於以人為中心的態度去對待你，以至於你有些習慣的養成，已經是到了快定型的一歲左右才開始的，因而連帶地

影響到你的穩定度。

你剛來我們家的前半年，我做了很多功課，但是資訊的複雜多元與混亂，讓我決定多少需要憑藉自由意志來發展。例如，對於狗的肢體語言，動物訓練師認為可以擬人化，獸醫則認為不行，那麼我到底該如何適從？因此，我用自身的角度去思考，如果有人要求我做一些動作，但是可能是引誘、威嚇，甚至強迫，我一定會非常不甘願！像是坐下、握手、趴下等等，哪個人會沒事做這些動作並且覺得高興的呢？因為有了這樣的想法，到你九個月大時，我還是很排斥教你一些有的沒的動作，每次你要吃東西時，就會像小霸王一樣地亂蹦亂跳，用前腳亂抓，受傷的機率因為你的穩定度不足而提高了許多，我的擔心與不捨不僅沒有減少，反而還增加了。

直到你媽媽跟我提到「未必只能把教狗狗動作這件事情，當成只是限制」，一方面，這可以提高狗狗的穩定度，防止不必要的傷害；另一方面，狗狗畢竟依賴人，學習這些動作，除了不可避免的規範外，也可以讓牠更有安全感、更信任主人。

有了這樣的觀念，我就不再是從自己的角度出發去看待你的發展，而是從狗狗本身以及狗狗與人之間的關係去和你相處，也因此發展出對人狗雙方更為優良的相處方式，讓各自的生活都能更有品質。運氣很好的是，我的龍龍是隻聰明的寶貝，即便大器晚成，九個月才開始學習各式動作，但是坐下、握手、換手、趴下、轉圈、拋接玩具等，一概難不倒你，而且大多數動作的指令，你都能在半天之內學會，讓我三不五時地懷疑：你身體裡裝的到底是狗魂還是人靈？每每這個念頭浮現，我都會快速拉回來，以避免又回到自我中心的觀念，而讓你無所適從。

雖然龍龍進入我的生命中已有四年，但是不論經過多久，都宛如一個父親甫獲新生兒般，腦中總會不由自主地浮現出你的樣貌，口中也會不自覺地低吟著「龍龍」這個名字，隨著思緒，漫想著這個名字究竟應該有什麼樣的意義？對我而言的價值又是什麼？「龍」是中國虛構的吉祥物，集許多動物的特徵與長才於一身，雖不存在於世，卻永遠象徵著祥瑞、勇敢、堅毅，且是萬獸之中的帝王，只有皇帝才配稱以龍名。

然而，龍龍對我的意義，不外乎上述。在我們家中，你讓父母的個性越趨溫和且更有耐性，也讓我們減少了許多紛爭而過得更加和諧。家中不管發生什麼事情，你一定搶第一個參與，像是洗衣服、煮咖啡，即使你不懂，也熱衷於觀看，彷彿只要你有手，一定會立刻幫忙我們完成家務似的；學習任何動作指令時，你的臉上又總像是寫著「我一定能做到」，果不其然，你都能快速學會；坐在一旁休息時，你又會流露出帶威嚴的慵懶感，讓我不敢隨意侵犯與打擾。重新回想之後，才知道我應該做的，並不是讓龍龍像我一樣，而是讓龍龍在力所能及的範圍中，如同王者一樣地展現自己的風采。

望子成龍，讓我因為你取了這個名字而驕傲。我想每位有寶貝的人，應該也都希望自己的寶貝，就如同牠的名字一般能發揮異彩吧！

寫給一顆心——六個月的女兒

我曾有過女兒六個月，現在還有兩隻臭男生——龍龍和寶吉。

2015 年 11 月，帶著家中兩隻臭男生去永和一家寵物美容店洗澡，店內一隻雪白蓬鬆的白博美就這麼跳進我懷裡，咬著我的外套拉鍊，雖然我嘴巴上說著：「這隻狗真沒禮貌，怎麼可以這樣咬客人的衣服！」但雙手早已捨不得把妳放下。我是狗痴，無分別地，只要遇到狗狗來撒嬌，我都會問店家或主人這隻能不能送我，當然從未成功過；直到這次，隨口問了一下，店家竟立刻答應，說他們準備把妳開放領養。這種好康的事，我怎麼能放過！一邊問店家怎麼可能有這種好事？這種毛色、毛量等級的博美，市價恐怕要好幾萬元；一邊也因抱著妳，而感受到妳胸口有明顯的心臟跳動聲，店家才告知——妳生下來就有心臟病，導致無法生育，所以要幫妳找到適合的飼主。

雖是如此，仍無妨我們之間的投緣，當晚我與妳的母親立刻決定好要在月底把妳帶回家。在這段期間內，我們認真地幫妳想名字，偶爾還會帶龍龍與寶吉去店裡跟妳相處，你們都能輕鬆互動。這在脾氣暴躁的龍龍身上，是難得一見的情景。因為希望妳的心臟病能隨時受到祝福，並減輕妳身體上的疼痛，我幫妳取了名字叫「大心」——「大」在國語中有好的意思，「大心」的閩南語諧音則是貼心——藉由這個名字的多重涵義，好讓我們能時時惦記著，妳的不平凡。

妳剛來的前兩個月，如同大多數家中的新毛孩一樣，幾乎快把我們逼瘋了！到處大小便不說，整天去擠兩個臭男生的床睡、搶牠們的食物，惹得寶吉一度吃醋到我們怎麼叫都叫不來，只好一直買新床和新玩具安撫牠。而驚人的是，妳的彈跳力簡直跟貓一樣，再怎麼擔心妳受傷也沒用，因為妳輕輕一躍，就能自如地在桌子、椅子與床之間跳上跳下，家裡就像是為妳設立的無障礙空間。每每當妳跟龍龍、寶吉吵架，就會自己跳到床上，低頭傲視牠們，牠們也拿妳沒辦法。妳最讓我們困擾的怪癖是凌晨三、四點時，會默默跳上床盯著我們，我們只要半夜睜開眼，都會被妳嚇得半死，尤其是和我們一起睡的龍龍，常常被妳驚醒，發出低吼的警告聲，而妳又總在發現我們醒來後，若無其事地跳下床，如此反覆地弄得我們夜夜不得好眠。

我們曾想教會妳不要這樣跳躍，擔心妳膝蓋會受傷、骨折等，害怕妳因而發生意外傷害，但是妳怎麼教都教不會，當我們制止妳時，妳總是若無其事地看著我們的眼睛，彷彿請我們別擔心似的。所幸妳都沒因此受傷，一直是家中最活躍的一分子。然而，妳的活躍讓我們幾乎忘了妳固有的疾病，已將妳太強烈的心跳視為理所當然，甚至以為這是妳的特色。每次抱著妳，感受妳心跳的律動，從手掌、手臂，傳達到我的胸口，再傳送進我的心房；由觸覺轉變為聽覺，再由聽覺轉變為知覺。這過於強烈的跳動，時常讓我誤以為是心心相印的證明，誤以為妳將虛幻的情意，用器官的震動傳遞給我。畢竟這感覺，不是龍龍與寶吉能帶給我的，牠們貼心的方式，總與女孩子有所不同。龍龍、寶吉也會討玩、討摸、討抱，但是總歸是男孩，總是要面子，不像女孩子會把自己內心最深沉的秘密，讓自己最貼近的家人知曉。

然而，我就這麼神經大條地誤會著，直到 2016 年 5 月，妳離去的前三天，那時將近小滿，天氣變得比較炎熱，妳開始有些咳嗽，我天真地以為這只是博美常見的情況，可能是妳身體不好影響到氣管所致，想說等妳適應天氣後應該就沒事了。然後，等妳咳到第三天，那天早晨，我在出門前發現地上有些血漬，這才驚覺不對勁，但為時已晚。從發現到妳離開，大約只有三十分鐘的時間，這一切來得太快，變化得過於快速，而讓我們無法應變，只想著或許再過三十分鐘，妳又會再醒過來，只是三十分鐘過去了，妳沒有再醒來，而我們卻醒了，才能把妳安置在三芝的寵物墓園裡，承認這一切美好的虛幻。

妳走了之後，龍龍與寶吉反常了好一陣子。沒人與牠們爭食，沒人在半夜跳上床嚇我們，牠們卻食不下嚥，我們也沒有睡得比較安穩。此時才終於體會到妳之前的種種行徑，其實都是為了要趕在六個月內，把一個女兒能做的事情全都做完——任性、撒嬌、貼心、貪吃、爭寵、摸黑上床偷看我們，如同一個小孩總要看到父母才能安心一般……可惜，妳的心臟不容許妳用十年和我們慢慢來，妳只好將一切濃縮在這六個月，讓我們倉促地經歷一遍。

我曾想過是否還有什麼遺憾，好像想到了，就能思念妳更久一點。然而，結果總是令人無助，而生活使人無奈，畢竟眼前還有兩個臭男生要好好照顧。妳走了一段時間之後，龍龍變得比以往都會跳高，寶吉親我們的方式也越來越像妳，牠們延續著妳的動作、習性，繼續與我們生活在一起。龍龍與寶吉沒有先天性疾病，這點讓我感到很欣慰，至少不會再次遭受到手足無措地失去之痛心，而牠們卻藉由許多原本專屬於妳的動作，讓我們記得這些動作所代表的，是曾與我如此貼近過的那顆心。

給媽咪臭一個——道在屎溺中

面對屎尿的心情，可說是百味雜陳，自從有了龍龍、寶吉後，我的心境有了奇妙的轉變。以前如果不小心踩到狗屎，常常為了卡在鞋底縫隙臭氣沖天的「屎結」惱怒，還因此丟掉好幾雙鞋。但我現在每天「深度觀察」狗大便的色澤、粗細、軟硬、氣味，分析狗尿頻率、尿量和濃淡都樂在其中。別覺得我小題大作，狗狗的屎尿問題可是高居動物棄養的主因！顧好屎尿，不僅能避免狗狗失控而讓家裡淪為糞坑，透過排泄物來解讀寶貝們的身體狀況，更是替牠們把關健康的重要參考指標。我家的龍龍、寶吉便便完都有擦屁股，每週清肛門腺，感情跟我特別好呢！

人類大約到了三、四歲開始戒尿布、學習上廁所，幼犬的發展比嬰兒快速，從狗狗到家裡的第一天，就可以開始訓練定點大小便了。每隻狗狗的學習力不同，但牠們的行為會反映出主人的生活習性和教育狀況。龍龍兩個月大的時候來到家裡，當時我們在客廳、廁所和廚房分別鋪上報紙和尿布墊，接著逐次減少「行動廁所」的數量。當龍龍要大小便時，牠會亂竄或轉圈圈，這些跡象出現後，我們會指著廁所的方向告訴牠：「去那邊！去那邊！」只要龍龍正確尿對位置，就用誇張的聲音稱讚牠，然後給點小零食。由於這孩子實在太過聰明，常常會「詐尿」，故意路過尿布墊踏個兩下就急急忙忙地來討零食。我和牠爸爸被騙過太多次後，改成尿尿時只稱讚不餵食，正確大便再給獎勵，這孩子才放過爸媽。

龍龍每天跟我們一起睡床上，偶爾半夜想尿尿，會不停地走來走去，提醒我們要抱牠下床去上廁所。尿布墊滿了，也會跑來跑去通知爸爸要換張乾淨的。寶貝的尿液大多是透明或淺黃色，少數出現深黃色的時候，就要特別注意牠的喝水狀況囉！一般公狗有習慣到處做記號，龍龍當然也不例外，舉凡十字路口的路阻、電線竿、轉角或是行道樹，牠經過時聞著聞著就會抬起腿來尿個幾滴，彷彿在跟附近社區的狗狗們說：「龍龍到此一遊！」

龍龍的弟弟寶吉就讓我們頭痛許多了！兩隻狗狗相差半歲，寶吉剛來家裡時，哥哥會教牠到定點大小便。但這孩子個性大而化之，便溺地點都隨自己高興，教導龍龍的教育方法在寶吉身上只有 50% 的成功率。除此之外，寶吉小時候有事沒事會趁龍龍尿尿時前往「攻擊」，在旁邊哇哇叫或是咬哥哥一口，讓家裡屎尿亂噴、糞印連連。一般獸醫會建議讓公狗結紮來改善亂尿尿的行為，但寶吉結紮後依然有 30% 以上的機率會胡亂大小便。冬天天氣冷，寶吉會在天亮時吵著要來床上一起窩著，接著以迅雷不及掩耳的速度，尿濕厚厚的棉被。我家曾經連續一週將棉被送乾洗三次以上，錢包瘦到唉唉叫不說，還要忍受店員的嘲笑。

三歲前的寶吉，幾乎每週有兩、三天會讓我踩到牠的排泄物。過去也曾打罵，但都不見改善（打罵是教育狗狗最失敗的方法，而且完全無效），後來向專業的訓練師請教後，決定全家一起盡量讓作息正常，以便掌握牠們大小便時間。狗狗固定排泄的時間點主要是起床後、飯後、遊戲後以及主人回家時，另外還有外出散步時。只要寶吉一起床，我們就會馬上催牠去尿尿，吃飽飯後，也會提醒牠去大便，當作息規律了以後，寶吉終於學會乖乖在定點大小便了！

除了搞定尿尿的問題，臭烘烘又熱呼呼的狗大便，更是我們家著力研究的「顯學」。龍龍在幼犬時期有過幾次血便狀況，牠邊拉邊哭，我在清理時心疼地抱著牠，母子哭成一團。特殊便便別亂丟，因為是帶寶貝就醫時重要的診斷參考。飲食是影響寶貝排便的一大因素，包含主食、營養品和零嘴，可以在嘗試之後選擇幾種固定品項輪流替換。而寶貝吃進什麼，牠的便便都會告訴你。

龍龍大便的時間點隨著全家改善作息後變得非常規律，在家固定是吃飽飯後大便。但寶吉還是喜歡偷襲哥哥，為了避免這樣的情況發生，伺候兩個寶貝吃完飯後，我便會催著龍龍，請牠「去大便～」，當牠走來走去看起來像在考慮我的建議時，我會直接帶牠到尿布墊前，請牠「給媽媽臭一個！」大約二十秒的時間，就可以得到剛出爐的新鮮米田共。雖然只有短短二十秒，但主人並不能就此閒著，要把搗蛋寶吉隔開，同時也要準備好衛生紙和濕紙巾，龍龍上完廁所，就要馬上替牠把屁屁擦一擦，了解寶貝今天便便的軟硬程度。

一開始龍龍對於大完便要被看肛門覺得很不自在，於是我輕聲地跟牠說：「好乖！好乖！把屁屁給媽媽。」清理肛門的動作要輕要快，在結束時給牠一句獎賞的話：「唉唷！龍龍好棒唷！」而牠聽到這句話，就知道會有好吃的零食！確立獎勵機制後，大便後擦屁股成為每天重要的儀式，即便出門在外，龍龍、寶吉現在大完便都會投入媽媽的懷裡。

寶吉的大便時間點還不算固定，有時會自己悄悄地走到廁所前「製作」，但因為牠有記得大便會被獎勵，會盡量選我們在家時「產出」，並用誇張的動作提醒主人。然而，寶吉最令人傷腦筋的是——牠會吃大便！甚至會叼著自己的大便跑來分給我（難道是孝順的表現？）。多次和獸醫討論後，發現牠吃大便時通常會伴隨著消化不良的情況，可能是牠前一天吃了生日狗蛋糕、大餐，或是環境改變（譬如更換家具）等因素都有所影響。因此，我格外留意這孩子如廁時間點，一發現有不自然的轉圈動作，便會跟牠說：「哲學家」（牠醞釀大便時的神情猶如古代哲人），而「哲學家」這名詞可能有打中寶吉的心，所以目前成功機率高達 80% 以上。

龍龍、寶吉曾有一個因心臟病而去世的妹妹大心，在去世前大心留下了一攤清澈如水的尿液，那畫面至今還深深烙印在我腦海裡，怎麼也忘不了。問我為何天天把屎把尿卻甘之如飴？因為我知道，身邊這兩個活蹦亂跳的寶貝，有天也終將與我告別，所以，只要寶貝們好好吃飯，會正常大小便，能排出軟硬適中的大便以及淡黃色的尿液，便代表牠們是健康的，而這就是尋常日子裡平凡卻珍貴的幸福。

一片三萬元肉乾的啟示——寶吉開刀記

很多想養狗的人都告訴我，希望能遇到像寶吉這樣的毛孩。身體健康會撒嬌，模樣可愛又貼心，加上個性有點無厘頭，耍憨賣萌樣樣來，還曾經上過新聞是個小網紅。我的生命裡因為有了寶吉，而真實地體會到——當媽媽的，願望好小，只要寶貝健康就好。

寶吉曾有過一個妹妹大心，大心在寶吉兩歲半的時候因心臟病離世，那時寶吉有好長一段時間胃口差又睡不著，常對著空蕩蕩的房間低聲哀嚎，只是妹妹走了，哭泣也喚不回當初一起打鬧的小夥伴……

為了方便管理秩序，家中寶貝的地位是照先來後到和年紀安排，依次是：龍龍、寶吉、大心。龍龍是善體人意的大哥，不會和弟弟妹妹爭食、爭寵，大心則天天挑戰寶吉，兩兄妹吵完架後又依偎枕靠，標準的一對歡喜冤家。大心還在的時候，寶吉每餐吃飯都會對著妹妹該該叫，深怕碗中的食物被搶，後來沒人跟你搶，飼料卻剩好多都吃不下，彷彿是在等那個蹦蹦跳跳的妹妹來捉弄一樣。家裡的成員改變了，雖然表面一如往昔，但永遠回不去舊日時光。

日子漸漸過去，我們盡力讓生活回歸常軌，多帶寶貝們到戶外散心，分享著大心過去令人開心的俏皮事。而寶吉你好像開始懂了，食慾也慢慢恢復，生活似乎回到平常的樣子，我們以為寶吉都好了。

在妹妹過世後的半個月多，老公因公出差，有天晚上，為了獎勵寶貝們，在準備給零食時，寶吉搶走龍龍的肉乾……由於龍龍喜愛啃咬，我們會選擇 1-2cm 的肉乾讓牠吃得過癮，而寶吉吃東西總愛用吞的，所以會刻意給芝麻般大小。以往，寶吉絕對不會和龍龍搶食物，沒想到牠這次竟會如此反常。在迅速吞下肉乾後，一開始沒有什麼異狀，過沒多久，寶吉開始咳個不停。我的孩子啊！你是不是想起妹妹了？

五分鐘後，咳嗽的症狀沒有改善，時間已將近十二點，相熟的動物診所都休息了。我立刻上網查找 24 小時看診的獸醫院，然後急急忙忙地抱著寶吉搭計程車前往，還沒推開醫院的門，懷裡的寶貝便發出淒厲的哭聲。我的孩子，你是不是知道這間是送妹妹離開的醫院？

掛號、抽血、照 X 光、觸診，醫生判斷可採用內視鏡手術將卡在喉嚨的肉乾往下推，但這可能會讓胃部受傷，而麻醉也有一定的風險。我簽下急救同意書，同時向出差的先生致電說明。你被送進氧氣室後，我獨自一人坐在醫院的長椅上，度過此生最難熬的一夜。

凌晨三點，醫師宣布手術完成，但你尚未恢復意識，也不確定是否會醒來。獸醫助理要我先回家，說會再電話通知。我的孩子，你兩個月大時來到家裡，從未和龍龍分開過，我們全家人幾乎天天在一起，除非爸爸、媽媽出國。你平常最愛繞著媽咪撒嬌，動不動就要討抱抱，有任何不開心或是碰撞到，都會朝媽媽懷裡撲。我怎麼可以粗心大意讓你吃到哥哥的肉乾，讓你承受如此的苦處？

回家後，我徹夜未眠，先上公司系統請假，然後抱著身邊的龍龍等待天明。不知過了多久，終於接到獸醫院的電話：「寶吉醒了，但白血球指數過高。」醫院表示寶吉需要再住至少兩天的氧氣室進行觀察，我便依照表定時間前去探望。瘦瘦小小的你，帶著氧氣罩，身上插滿管線。右上角的病歷卡備註記載：「寶吉：個性喜被誇可愛。」值班醫師說你在換藥的時候好乖、好聽話，被稱讚可愛就會搖著小尾巴，痛也不會叫。我的孩子，你是不是心上的傷比身上的傷還疼呢？

隔著氧氣室的透明門，你對著外頭的我嗚嗚哀鳴，聲音斷斷續續，小手手不停敲叩門板。我們距離那麼近，彼此卻只能對望著浮晃的臉孔，因為我還不能帶你回家。臨走前，你哭了起來，哭聲漂

浮在空氣中，像要被遺棄般地絕望，我趕快衝到你面前向你解釋：「媽媽不是不要你，你要快快好起來。」

終於等到出院那天，我和你爸爸一同去接你回家，一見到龍龍，你就開心地轉圈圈。術後尚未復原的你身上還有傷口，吞嚥也不順暢，半夜甚至會痛到醒來。但只要你能好好的，我和你爸爸都會盡最大的努力，讓你舒適健康。因為口腔和食道都還有傷，你爸爸特地在每餐餵食前將飼料研磨成小顆粒；因為混藥物的狗糧難以下嚥，我天天將水煮的雞胸肉磨成泥。對爸媽來說，只要你願意多吃一口，有一點小進步，我們便因此歡天喜地。

那一片 2 公分不到的肉乾，花了三萬多元的醫療費。然而，讓我深深自責的是自己的疏忽竟讓寶吉承受了巨大的痛苦。

親愛的孩子，謝謝你來到我的生命裡，給我毫無保留的愛。有時看著你小時候的照片，再摸摸身旁的你，一晃眼，我的寶貝原來已經這麼大了！想著你去世的妹妹大心，還是有很多不捨。我知道，終有一天，你和龍龍也會離開，去到很遠很遠的地方，媽咪唯一能做的就是用盡氣力去愛你們。

謝謝你為我上了人生這一課——知足

知足，原來是把握當下能夠擁有的幸福。

緣滅一瞬

出門三天，返家的時候，帶了點疲憊與不真實。狼狽地在八點吃晚餐，疑惑著貓怎麼那樣熱切地嗅著我，之後又鬱鬱地盤踞一角。媽媽在一旁，問著：「妳沒有發覺牠為什麼這樣嗎？」我看了看周圍，卻一無所獲，因著倦意而帶點惱怒地問：「到底怎麼了？」只見媽媽眼眶泛紅：「Lucky 走了。」已經不記得我當時的表情，但是能夠確定的是，我不願意相信⋯⋯

緣起只是偶然

家中本來有五隻狗、兩隻貓。小可愛是妹妹小三那年考滿分買回來的吉娃娃，乖乖是爸媽在橋下撿回來送我的，而後牠們生下了五隻小狗，三隻送人了，留下了小愛和丹丹；而 Lucky 是我在家附近抱回來的。兩隻貓則是平安福和勇氣，牠們分別在兩個颱風來襲前夕一前一後地被我那個愛心氾濫的老爸帶回來的⋯⋯

Lucky，一隻突然出現在我家門口的西施狗。全身髒兮兮的，窩在我家這棟舊式公寓的門前，因為同情，我給了些食物。同棟樓的孩子，本來就沒什麼愛心，對牠又踢又打，終於讓牠消失在我家門口。於是，爸爸說：「如果妳還找得回來，那就抱回來養吧！」於是我走下樓，看著那群孩子，有些不客氣地問：「狗呢？」或許是被我的態度嚇到，他們馬上囁嚅地告訴我狗躲在另一棟樓的樓梯間。因此，我們家原來擁有四隻吉娃娃，如今又添上一隻西施犬。

溫順的個性

因為 Lucky 牙齒健康的緣故，我們帶牠去給獸醫檢查，才讓本以為牠是年輕力壯西施犬的我們發現牠已是垂垂老矣的老犬，而牠身上還有多處因年老而生成的良性脂肪瘤。然而，爸爸二話不說地把牠納入了我們家，Lucky 也就成為了我們的新家人。因為牠不太會撒嬌，長毛又容易臭，我便給牠起了個綽號，以台語喚牠做「阿醜」，牠倒也沒什麼反應，一樣會開開心心地奔跑過來，以為我喚牠就是要給牠吃什麼東西似的。

家中的狗，個個有脾氣，就屬 Lucky 最乖。牠不隨意咬人，不滿時也只是吠叫個幾聲，就算不小心踢了牠一腳，牠也就默默地避到一旁，不會張牙舞爪；牠在浴室上完廁所後，會洋洋得意地到家人面前討食物吃；打雷的時候，我們要眼明手快地關上浴室的門，否則牠會躲到馬桶後方，死活不願意出來，牠以前想必是被關在室外的狗，所以才會如此害怕雷聲；到了晚上，其它的狗狗們會與在書房打地鋪的我一起睡，Lucky 則是獨自睡在小沙發椅上，只有鋒面過境而天氣嚴寒時，牠才會來和大家一起擠，而牠待的地方總不是我手臂彎這種搖滾區，而是棉被的一小角。

我想，或許是因為這樣溫順的性格，讓 Lucky 少了那麼一些存在感，也才讓我沒有及時發現……

天生的母性

五隻狗，已經讓家裡像間小型寵物店，而颱風前夕，爸爸又收留了一隻失去母親的小貓，這下家裡簡直成了迷你動物園。小小的奶貓搖搖晃晃地走在冰冷的石地板上，每當家中的狗狗經過時，牠總不免緊張地背脊直豎，不過，Lucky 卻能讓牠的焦躁緩和下來，於是我們便戲稱 Lucky 是平安福的狗媽媽。說也奇怪，只要 Lucky 待在身旁，小貓便會就著棉被，安心地以雙手推擠被單並吸吮著棉被的一角，像極了喝奶的模樣，而一整天下來，這個「吸嘴嘴」的動作，會讓奶貓不那麼毛躁。

於是，Lucky 就像是牠的媽媽，即便奶貓已不是奶貓，仍會圍繞在 Lucky 身旁撒嬌。

措手不及的離開

Lucky 本來就有個毛病，受到某些莫名的因素都會讓牠受到驚嚇而抽搐倒地，接著牠便會屎尿失禁，過了一會兒又會沒事一般地好起來，而這陣子發作得特別厲害。媽媽告訴我，在我剛到墾丁的那個晚上，Lucky 又發病了，爸爸清理好牠的屎尿後，細心地用濕布擦拭 Lucky 的身體，沒想到牠沒有像往常那樣轉醒，而是在地上一動也不動，喘了幾口氣後，便不再動了。

爸爸不願 Lucky 反覆受折磨，擲筊問神明，神明說牠和我們緣分盡了，爸爸又對 Lucky 表示，即便牠癱瘓了，也願意照顧牠，但牠仍然沒有氣息，爸爸趕緊遣媽媽去買金紙，拿來了一紙箱，鋪上金紙後，把 Lucky 裝了進去，因為怕牠會突然活過來，所以將牠和箱子一起置放在廚房裡。隔日，牠的身軀硬了，再沒有活過來的可能……

這一切是這樣措手不及，也是那樣迅雷不及掩耳，而爸媽絲毫不敢對當時正與學生們一起去畢業旅行的我說，怕會壞了我的興致。

只是抱走了

到家的時候，平安福反常地聞我的衣袖，隨後又沉默地在一旁盤踞著，媽媽告訴我：「從頭到尾，都沒讓牠看到 Lucky，所以牠一直以為，Lucky 只是被抱了出去，所以每個人回來，牠都會去聞聞味道……」

這時，我才真正感覺到了悲傷正鋪天蓋地朝我湧來，原來那晚在墾丁，睡了又醒，醒了又睡，在夢中醒來那麼多次，是不是原來是你循著我來到了墾丁，想跟我告別？或者，墾丁這樣遠，你迷了路，想要我去接你，卻只能讓睡倦的我睜開眼？

爸媽說，牠選在妹妹去了韓國、我去了墾丁，這樣的日子走，大概是不要讓我們太過悲傷，可是，這對我來說，怎麼能不悲傷？我也希望，牠真的只是被抱走了……

不敢買樂透

因為 Lucky，媽媽不敢買樂透。她說，Lucky 走的前幾天，還半開玩笑地說：「就靠你啦！我們如果中樂透，就可以買大房子，到時候你們就有更多空間……」可是，現在中了樂透又怎樣呢？

於是那幾晚，媽媽都不敢買樂透。她說，怕真的中獎了……卻是用 Lucky 換來的。

那是因爲

知道這個消息的晚上，我只是默默地擦掉眼淚，然後，趁洗澡的時候，躲在浴室裡大哭，再擦乾眼淚，假裝沒事，走出來，因為我好怕爸媽會擔心……

我默默地哀悼著牠的離去，但我不能夠原諒自己沒有在回到家的第一時間發現牠走了。直到朋友告訴我：「那是因為，在妳心裡，牠一直都在啊……」是啊！你不是應該一直都在嗎？可是你怎麼趁著我出門的時候離開了？我對你不夠好，我還沒讓你睡在我的臂彎裡，我還沒有好好的疼愛你……可是這一切都已經來不及。

願你過得好

隔天，我早上要教作文，下午有家教，晚上也有聚會，甚至夜裡還有慶生活動，但我當時只想把這些全數取消，想要活在自己的小小世界裡，將哀傷的情緒慢慢平復，可是，我想到 Lucky 一定不想看到我這樣，便硬著頭皮地把這一連串的行程走完，雖然我中途一度趴在朋友的肩上痛哭……

我希望你成為天使以後能過得更好，我也會努力讓自己過得更好，所以不要擔心我，勇敢去飛吧……

我告訴自己，把這篇文章寫完後，就不要再哭了。而我會記得你，因為你讓我知道——知足，就是把握當下能夠擁有的幸福。謝謝你，為我的人生上了這一課。

給妳的一封信——寫在妳哭著睡去以後

主人：

我知道自己已經慢慢沒有力氣了，自從那次必須用前腳才能撐起身體，我就感覺到了。雖然後來看完醫生便能再站起來，但我知道這天很快就會到來……

我們的緣分是從什麼時候開始的呢？主人妳還記得嗎？那是一個午後，爸爸、媽媽在路上看到我這麼一隻小小吉娃娃居然跟在一條大土狗的後頭，擔心我撐不下去，便把我帶回家來。那時，妳護著妹妹的狗狗小可愛，因為擔心我身上有跳蚤，一直很想把我趕出去，這妳還記得嗎？可是當妳知道，我會是妳的狗時，妳興奮地幫我取名，從此以後，我就有了一個可愛的名字——乖乖。

從那時至今已過了十幾年，我和小可愛也生下了小寶寶。這段時光裡，因為你們的陪伴，我過得很幸福！你們總是稱我為臭嘴乖、阿豬乖、阿牙啊……雖然名字我不太喜歡，可是我很感謝能這麼被你們寵溺著。最喜歡晚上睡覺時，妳讓我睡在妳身邊，然後妳會輕輕地撫摸我，再親吻我的額頭。

我知道自己可以再次走路的時候，我便很努力地跟在妳的後面，每天用我越來越模糊的視角仰望妳，為的就是希望妳能多抱抱我，因為我知道這天很快就要來了。雖然我希望自己能再多陪伴妳一段時間，但我無能為力，畢竟，生死這種事情，總是會來的……

因為老化的關係，我的皮膚代謝不好而長了黴菌，是妳一直幫我擦藥，雖然有時候妳會因為忙碌而忘了，但我還是很感謝妳。我知道這陣子妳變得很忙，去年妳帶了一個班，每天都要上很多課，所以回家後看起來總是很累，但妳還是會開心地過來摸摸我，讓我跟妳一起睡，我很謝謝妳為了讓我睡在房裡，每天凌晨都特地起床抱我去尿尿，我的腿已經不能讓我自在地跳躍了，所以妳的雙手就成為我的雙腿，被妳抱著的我，能從更高的角度去看整個家。

這天凌晨，我的身體好痛，呼吸不到空氣，因而不停喘息，妳從睡夢中驚醒，立刻抱我去尿尿，但我並沒有因為尿尿完就比較舒服，所以妳一直輕輕地撫摸我，拍拍我，想哄我睡。我這才稍稍睡去，妳就必須起身去上班了。

我不敢驚擾妳，但我真的撐不下去。妳踏出家門後，爸爸便帶我去打了一劑強心針。回到家後，我失禁了，我很努力地往廁所走去，卻在途中倒下，我沒辦法站起來，甚至睜不開眼睛……

於是，我再次進了醫院。我不喜歡那裡，雖然是醫生把我救了回來，但是我也很討厭醫生，我想念你們，我只想回家。中午，爸爸、媽媽來看我，我開心地動了動尾巴，我以為他們會帶我回家，但是爸爸、媽媽卻把我留在醫院……

之後，我又失禁了！那一刻，我知道自己的生命剩下沒多久時間了，雖然我想等妳來看我，可是我已經沒辦法控制自己了，就這麼眼前一黑。然而，我沒想過自己還能醒來，還能再見到妳，我很開心，可是我連站起來的力氣也沒有……只聽著醫生跟你們說，我

只能這樣「猝死——急救——猝死——急救」，不斷循環。我看妳眼眶紅腫，然後強烈地反對把我安樂死，妳說妳想帶我回家。妳抱著我，我感覺自己很幸福，因為我知道自己被妳深深地愛著，而我終於可以回家了。然後我聽見妳說著會帶我回家，要我撐下去……

終於回到家了，妳好久沒抱我這麼久，我覺得很開心。唯一一點不那麼開心的地方就是，我不喜歡妳眼眶紅紅的，而且妳還把好幾滴眼淚滴在我的身上……我慢慢地沒有了力氣，就在我喘不過氣來的時候，我又失禁了。這次我居然還尿在妳的褲子上，害妳得趕緊去清理，那一刻，我竟有點不希望讓妳看著我離開……妳跟我說二姐快回來了，所以我很努力地等著，當門被打開時，我終於看到了二姐，然後我覺得好痛但也好輕鬆，我再也不能控制自己的身體了，於是，我退到了一旁，看你們驚慌失措地哭喊我的名字，看你們拿衛生紙擦拭我從鼻腔和嘴角滲出來的血水……

你們哭了好久好久……我看到妳抱著我，像我還活著的時候一樣，你們哭喊著要我回去，可是我知道自己回不去了。你們希望我好好地跟佛祖走，可是你們一直在哭，我既走不開也不敢走，我想守護你們，但你們的哭泣聲，讓我感覺更難受了……

你們把我放進鋪滿金紙的紙箱裡，然後把紙箱闔了起來。凌晨時，妳還來摸箱子，說妳想我，哭著對我說了好多話，其實，我都有聽到喔！

我們擁有很多美好的回憶，而我也因為有你們的愛，過得相當幸福了。我知道你們還是會想我，但現在的我身體已經不痛了，可以自由自在地想去哪就去哪，你們可以放心許多了吧！我真的不希望你們為了我這麼難過，我也會一直陪伴在你們的身邊，所以，不要再哭了，好嗎？只要妳想我，我一直都在。

乖乖

Dear My Cats

王瑜涓/

王瑜涓，如瑜玉溫潤，如細流涓涓雋永。

是受寵女兒、小白老師、幸福人妻，也是部落客。

生命的三分之二以上都有毛孩子相伴。

熱愛教學、喜歡旅遊、關心生命、實踐減塑。

成 蔭/

成蔭，平日扮演朝八晚五的「老師」角色，剩下的時間都用來和貓咪耗在一起，一起蜷身在被褥疊成的王國、一起倚著窗櫺目送流浪的雲，而所有和貓一起虛度的時光都有薄薄的翅膀。

阿　楓／

阿楓，是被店貓「菠菠」馴服的貓奴。

將「菠菠」領養回家後，全家一起成為鏟屎官。

喜歡抱著貓在沙發上睡覺，對其偶爾的抓咬自得其樂。

唯一的煩惱是出門在外會忍不住想牠。

貓小瑛／

啃書成習、愛貓成癡的宅宅，書與貓是人生不可分割的部分。

夢想擁有廣廈千萬間，大庇天下浪喵俱歡顏。

貓名大小事——命名的迷信

關於命名，一直是一種期許與愛。

取貓兒們的名字，通常是愛心氾濫的爸爸或媽媽的權力兼興趣。從最初的「白媽媽」、「黑媽媽」，到「咪咪」、「小咪咪」、「小小咪」、「白白」、「黑白」、「白黃」、「巧克力」、「小巧克力」、「小黑黑」、「小黑黃」，就可以知道這些名字都是很陽春的。因為是貓咪就叫「咪咪」，牠生的小孩就叫「小咪咪」，多一隻只好叫「小小咪」；或是從花色來命名，白的就叫「白白」，黑白相間的就叫「黑白」，而有花紋的巧克力虎斑則為了跟金黃虎斑有所區別而被叫做「巧克力」。其中，也有以身形來辨別的「大大」或「小小」之名。

後來，貓兒會因為其他原因而有不同的名字，譬如，有馬來熊花色的「馬來熊」、因為肥胖的身形而得名的「ＦＩＦＩ」、樣子與豬有點像的白貓叫「小白豬」，或是因黃黑白相間而被喚做「小老虎」的玳瑁貓和牠的「小小老虎」，抑或是花色混雜的「花花」、臉上有花斑的「花臉」，還有「北逼」（其實是寶貝），以及叫聲「喵嗚～喵嗚～」的「喵嗚」，還有常偷偷從紗窗跑進我們家又一臉衰樣的「衰臉」和牠的妹妹「衰妹」。

以上都是我餵養的浪貓們的名字，而家裡收編的浪貓，取名則會比較講究一些，通常都是帶著美好意義的名字。然而，命名這件事，從來就不是件容易的事，這其中的曲曲折折，或許只有主子（或稱貓奴）們最為清楚。

家裡的十二隻貓都是浪貓，一開始是餵養，後來也就默默地收編了。

第一隻原本叫喵喵，在我們沒發現牠是公貓之前，會叫牠「小胖妹」，後來又給牠起了「平安福」這個名字，因為希望牠平安又有福氣。

第二隻小貓撿來的時候，體重連 900 公克都不到，連喝奶的力氣都沒有，只能用針管灌食，爸爸為了讓牠可以活下去，就喚牠為「勇氣」，希望牠能勇敢活下去。而今，牠的體重早已超過 9000

公克了。

第三、四、五隻是同時撿來的一母同胞兄妹，分別被稱為「希望」、「幸福」和「快樂」。

第六隻的命名則有些曲折，容後補上。因為牠的收編過程也相當曲折，在此處先簡單說明一下：因為被撿來時，牠的角膜已經發炎了，醫生覺得點了眼藥卻沒有好，便將藥開強了一點，但醫生沒有提醒我們要讓小貓戴上維多莉亞頭套，結果，牠不斷地揉眼睛，揉到去給醫生看後，醫生則淡淡地說著「牠把自己的水晶體揉掉了……」，這次事件讓我們非常自責。

第七隻「富貴」是出生在自家陽台的小貓，牠的媽媽就是第八隻收編的「如意」。

第八隻「如意」在懷孕後鑽進我們家裡的鐵窗花台，就此讓爸媽為牠做月子。生完「富貴」後，牠就拍拍屁股離開了，直到某次在路上被爸爸遇到，喊了牠的名字後，牠才乖乖讓爸爸抱回家。

第九隻是從後陽台撈了四次的「福氣」，大概天生就賴定我們家，所以每次被爸爸放回原處後，就會摔進水溝，等待爸爸再度救援。

第十隻是差點在睡夢中離世的「安康」，所幸媽媽撈起寒風中滿身尿的牠，否則牠大約不會如現在這般健康地蹦跳。

第十一隻「吉利」則因為我忍受不了牠的哀號聲，本想當中途，後來還是決定收編。

第十二隻是原本在家裡附近餵養的浪貓，每次都會陪著爸爸到處走，某天，牠突然就跑到我們家門口，我們也只好讓牠如願以償的「如願」。

說到對貓名的迷信，應該是從第六隻小貓開始的！一開始牠還沒被撿起來的時候，我們叫牠「小小」，這是為了和同胎但體型較大的另一隻貓咪「大大」做分別而取的。

但是因為「大大」從一樓屋頂掉了下去，貓媽媽「咪咪」沒辦法將「大大」帶回屋頂，天天來我們家叫，我們推測她可能希望爸媽去救「大大」，但是「大大」怕人，試了三天，怎麼樣就是沒辦法抓回給貓媽媽。「小小」又在屋後聲聲呼喚，讓貓媽媽「咪咪」前後都顧不好。我們沒辦法把「大大」救上來，只能希望貓媽媽可以專心救怕人的「大大」。於是，媽媽放了個袋子卜去，心想著如果「小小」願意跳進去，我們就收養牠。也許是有緣吧！「小小」真的跳進袋子裡了。

貓媽媽「咪咪」最後還是沒有救到「大大」，因為樓下那戶人家很討厭貓咪，「大大」總是在一樓逃竄。

某天，看到底下的阿婆和她兒子拿著長曬衣竿追打，接著就沒聽到「大大」的聲音了。

本來想把「小小」還給貓媽媽「咪咪」，但是「小小」當時咳嗽，一隻眼睛又是腫的，於是我們先把牠留了下來。

有鑑於「大大」最後的慘況，我們便把「小小」改名為「巧巧」，沒想到，後來牠又被醫生宣告瞎了。

在很難過、很不捨的情況下，突然想到了過去餵養的兩隻浪貓「巧克力」和「小巧克力」。兩隻貓咪都被附近的狗狗給咬死了……而且「巧巧」的諧音又很像死翹翹的「翹翹」，可以說我們是迷信，也可以說我們是因為太過珍視和在乎，所以我們又決定替「巧巧」改名，於是，牠現在的名字是「吉祥」。

神奇的事就這樣發生了！

在改名之後，「吉祥」的眼睛竟慢慢地康復，現在只有眼前會有一點霧霧的，還能感應到光線。

牠能夠如此「吉祥」的得到上天眷顧，或許真與命名有關吧！看牠現在活蹦亂跳的樣子，完全感覺不出牠是有殘缺的。

而我們家現在既有「平安福」，也有「勇氣」、「希望」、「幸福」、「快樂」、「吉祥」、「富貴」、「如意」、「福氣」、「安康」、「吉利」，還有「如願」，這十二隻小生命為我們的家裡帶來了無盡的愛與陪伴。在如此命名的情況下，為貓咪們寫下生活敘

述也變成了一種有趣的紀錄：「希望、幸福、快樂都感冒了，希望還在醫院裡吊點滴，因為感冒的關係沒吃東西兩天了；幸福和快樂躲在籠子底下不斷打著噴嚏，不願出來。富貴的左眼得了結膜炎，平安福則稍微沒精神，勇氣和吉祥暫無大礙。如意倒是眼巴巴地希望能從窗口跳進來。」貓名讓普通記事成了寓言，好像可以從中找到許多人生哲理。

豢養貓咪真的是一件非常美好的事！貓咪們為家中帶來了許多歡笑與淚水，為平凡的生活裡帶來許多獨一無二不平凡的快樂，而現在的牠們也如同牠們的名字那般，簡單卻實在地給予身為人類的我們更多的正能量。

生命的重量——橘貓吉利

「喵嗚～」窗外的哀號聲已經殘忍得讓她不得不正視了。

那是隔壁社區的誘捕籠捕到小野貓的聲音，前一日還淒厲，今日越顯微弱了⋯⋯

「喵嗚～喵嗚～喵嗚～」

家裡已經收編了十隻浪浪，再加上原來就有的四隻狗兒，實在是不能再養了⋯⋯而且爸爸也已經下了最後通牒——再抱貓回來，就不能住家裡⋯⋯

然而，幼貓的哀號依然聲聲入耳，外頭寒風瑟瑟，她明白，再不做出決定，又是一條生命的殞落。

約莫幾週前，餵養而未收編的浪浪，將自己生的孩子叼到宅前的屋頂。救與不救，那些可能還未曾睜眼看過世界的幼貓們，就在一個猶豫之間便沒有了存活的機會。她相當自責與懊惱地想著「假若我可以克服自己的不勇敢，那麼那些貓兒們或許還有在屋頂蹦跳的可能⋯⋯」。

「喵嗚～喵凹嗚～喵凹嗚～」

而今，幼貓的哀號越來越虛弱，她不能再次放任生命自她身旁流逝，她覺得自己若不做些什麼，即便不是親自動手，自己也會是那殘忍至極的劊子手。

於是，她鼓起了勇氣，趁爸爸不在家時，讓媽媽陪著她，手上拿了紙箱，到隔壁社區表示想帶幼貓離開。社區警衛領她們來到被一塊布遮掩著的誘捕籠前，掀開上頭的布，只見一隻橘色的幼貓怯生生縮在籠內，然後又開始「喵嗚～喵嗚～」地叫了起來。

「我們住在附近，之前聽牠叫得很大聲，沒想到只隔一天，就聽到牠的聲音變得越來越小，真的讓我們很擔心。」媽媽說。

「喔！是這樣啦！之前牠被放在會吹到風的地方，覺得牠應該會冷，就幫牠蓋了一塊布，可能是因為沒那麼冷，所以牠就沒有一直叫了。不過，如果妳們再晚一點來的話，我們可能就會把牠放到山上去了。」

如果空間變成二維，她的頭上肯定多了好多條直線，順便再讓幾隻烏鴉飛過。

然而，抱著紙箱返家的路上，她依然非常慶幸自己做下了這個決定。雖然紙箱不重，但生命卻是這麼珍貴而易逝。無論如何，家裡就算不能養，當中途也是可以的。

「我不是說了不可以！妳怎麼又把貓帶回來？」

「我不想要牠死掉，我們可以中途，讓別人來認養。」

「不是這個問題！是我們真的沒有辦法……」

「牠是橘貓，橘子很容易被認養。」

「妳以為養牠們很容易嗎？妳就只會把牠們帶回來⋯⋯」

「可是我沒辦法像上次那樣，眼睜睜看著牠就這麼死掉啊！」

一場家庭革命就此展開，然而，幾番爭論之後，爸爸並沒有將她與貓一起掃地出門。

她開始明白，爸爸不是鐵石心腸，只是面對毛孩子心太軟，才無法成為中途。往往會把帶回家的貓咪，當成自己的孩子，化為自己肩上的責任，若送出時無法確定牠們未來能過得夠好，那就不能也不忍心將牠們送出。

橘貓後來名為「吉利」，大橘大利。是在「平安福」、「勇氣」、「希望」、「幸福」、「快樂」、「吉祥」、「富貴」、「福氣」、「如意」、「安康」之後，再次出現在我們生命裡的貓咪，也是正式收編的第十一員。當然，其實在牠之後還有一隻橘貓「如願」也如牠所願地被我們收編，然而，那又是另一段故事了⋯⋯

來到她家以後，「吉利」不再「喵嗚～喵嗚～」地哀叫，這裡既溫暖又飽足，牠會賣力地舔啜小碟子內的奶水，再賣力地在紙箱裡蹦上蹦下，絲毫不顯膽怯。連在以便當盒暫代的貓砂盆裡也全然沒有絲毫陌生，但那可能是貓的天性，前幾隻收編的浪貓也是如此；另外，在爸爸要將牠放進籠子前，「吉利」都會奮力掙扎著咬傷爸爸的手；看著「吉利」面對家中其他貓咪時，那種跋扈又霸道的樣子，完全無法聯想到牠一開始在誘捕籠內怯生生得連聲音都叫不太出來的柔弱模樣。「吉利」清澈的雙眼常常望向她，再寵溺似的以前足捧住她的手嚙咬，或以後腳輔以側踢。看著手上累累的傷痕，她明白這是幼貓特有的、不懂得控制力道的成果，然而，絲絲血痕卻掩不住她內心關於「生」之喜悅。

日子串著日子隨風而逝，逐漸成長的「吉利」還是相當霸道而跋扈，一不順其意，就會出爪張嘴，常讓家人們見血，然而，她相信只要給予足夠的愛，當「吉利」不再害怕時，一切都會好的。

時光荏苒，如今她已邁入婚姻，每次回娘家，「吉利」便會蹲踞在她房門前望著她，當她開口詢問：「吉利，要不要進去？」牠便會「喵凹～喵凹～」地叫，彷彿在說「要啊～要啊～當然要～」，然後牠迅即地翻倒在地，讓肚子朝上，討她摸摸；看到她拿起除貓梳時，就會跑到她面前，搖著牠的麒麟尾，似乎正在說：「來梳我吧！」；或者當她走進廁所，「吉利」就會趕緊跟上，不讓她關門，並在她的跟前再度臥倒，翻起肚子要她摸。每每看到「吉利」撒嬌的樣子，她總不免覺得何必有孩子，她好像已經有很多孩子、很多愛了。

這時，她便會想起，當初帶回「吉利」時，牠身形瘦弱，雙手不盈握，只是，當時的她將牠攬在懷中，就已深知這會是世上最沉重的甜蜜！

天降菠蘿包—厭世是任性，廢萌是正義

「我們在路邊撿到一隻貓。」

2017 年 12 月 9 號，打工處的老闆在群組上丟出了這樣的訊息。

剛起床的我還搞不清楚發生了什麼事，只見他又傳來了兩張虎斑貓被裝在塑膠袋裡的照片。

沒多久，群組的同事們像是暴動一樣地問著貓的來歷，畢竟誰想得到老闆會在騎摩托車去買菠蘿麵包的路上撿到貓？

如同前言所述，開店前，老闆騎著車要去購買菠蘿麵包，沒想到，麵包還沒買到就先碰上一隻倒在路邊奄奄一息的貓。這對老闆來說不是什麼罕見的事，不知道為什麼他常常會遇到發生車禍而死在路邊的貓，他總會將牠們好好地裝進袋子裡，並找個地方為牠們埋葬，所以，當時他只想著要帶這隻貓去一個好環境，讓牠能就此安息，結果在他把貓抱起來的時候，發現這隻小生物還有呼吸和心跳，便立刻帶去醫院檢查。

醫生將老闆撿到的小野貓仔細檢查了一遍，發現牠並沒有什麼大礙，頂多輕微腦震盪，過幾天就會康復了。不過，牠的右手不知道是不是因為車禍的關係，已經殘了。對那隻貓來說，這或許已經是不幸中的大幸。

總之，店還是要開，即使這個突發狀況使得開店的行程有所延遲，但老闆也得就此匆忙離去。究竟有多匆忙呢？大概就是忘了向醫生詢問貓的性別、年齡那般的匆忙，而這隻貓出現在我生命中的過程也是如此匆忙得令人猝不及防。

因為貓是在買菠蘿包的路上被撿到的，老闆便將其正名為「菠蘿包」。

隔天，我和同事在店裡抱怨著老闆低到不行的取名天分，在討價還價之餘，我們為那拗口的名字取了個小名——菠菠，而菠菠也從前一天對所有人哈氣的野貓逐漸轉變為會翹著屁股給人撫摸的小屁貓了。

在撿到菠菠的兩天後，我出國旅遊了一個禮拜，回來時，老闆和同事們告訴我——我們都誤會菠菠的性別了！

起初我們以為菠菠是女孩子，但有天對面鹹酥雞店的老闆過來看貓，他抱起菠菠沒多久就大笑著說：「郎明明丟五卵，溝共郎系查某欸（人家明明就有蛋蛋，還說人家是女生）！」

原本我們戲稱討厭吃乾糧但喜歡吃罐罐的菠菠有公主病，但自那時起我們就改口稱牠為小王子了。

因為老闆的家裡已經養了一隻凶狠的貓，所以菠菠就順理成章地待在店裡，並成為了店貓。剛開始怕牠打擾客人用餐，只好將牠關在籠子裡，等到下午休息時間才讓牠出來放風，沒想到嘗過自由甜頭後，就很難再將牠關進籠子裡。每每用餐時間都能聽見牠求救的聲音穿透那塊蓋著籠子的黑布陣陣傳出，而店裡養貓的消息也不脛而走。不知道在關店後菠菠第幾次越獄成功時，老闆毅然決然地決定讓牠在店裡自由活動，面對這隻新來的員工，客人們的態度都十分良好。幸運的是菠菠對來來往往的客人都沒有太大的排斥，用餐時間沒有位子讓牠霸占，牠就會乖乖地躺在店裡擺放的海綿寶寶大娃娃上睡覺，而那裡儼然成為牠的專屬寶座。

對整間店的人來說，菠菠就像從天而降的小天使一樣，那時，所有人上班的第一句話無非是「菠菠在哪裡呀？」、「牠早上到現在乖嗎？」、「牠在海綿寶寶上面待多久啦？」等，話題盡是圍繞在我們的新店寵身上，就連休息時候大家都會爭相去抱牠。

大約過了一個月之後，冷酷的寒流挑戰的不僅是人們的禦寒能力，更挑戰著外頭流浪動物們的生存能力。流浪貓為了避寒，從外頭鑽進店面天花板的夾層。有好幾次，當我抱著被當做天然暖暖包的菠菠在店內沙發上睡午覺時，都會聽見樓上宛如開派對般的乒乓聲。

某天，老闆又傳了一則訊息到群組裡。

「引誘到樓上的貓吃飼料了，是一隻貓媽媽帶著三隻小貓。」

隔天上班時，我往天花板的夾縫一看，那兒還真的放了三只碗，透過碗裡已呈現空空蕩蕩的狀況來看，樓上的一家人應該都吃飽喝足了。

沒想到老闆這麼一餵，野貓一家更是定居了下來，甚至變本加厲而頻繁地在天花板上走跳。老闆心想著這不是辦法，便將貓媽媽帶去做絕育，並將小貓們一併抓來送養，給牠們一個溫暖的家，讓牠們不必在外頭風吹雨淋。因為牠們總待在天花板的夾縫中，所以我們將三隻小貓暫時命名為天天、花花跟板板。

捕捉天花板一家人的過程並不簡單，天花板能讓手伸進去的空間並不大，更別說是放誘捕籠了，再加上貓媽媽幾乎都在後面觀察著人類的一舉一動，稍微碰觸到小貓，不是被小貓打，就是被衝過來保護小孩的貓媽媽緊盯著不放。

我們嘗試過各種方法，想要引誘小貓們走下天花板，不論是用逗貓棒還是沿路放飼料，都沒有辦法能成功引誘牠們下來。而小貓們每每都在即將離開天花板之際，怯懦地縮了回去。最後，老闆想到了一個奇招——他將飼料全部倒進小塑膠箱裡，等待小貓自己爬進去吃，然後再趁機蓋上蓋子，把牠們送進籠子裡。

這方法奇蹟似地奏效，短短一小時內，三隻小貓都從狹小的天花板夾縫進到了店裡，緊張地對著上方奶叫媽媽。過了幾天，我們在店裡的誘捕籠也成功將貓媽媽抓了起來，牠也馬上被送去動物醫院做絕育。

由於店裡貓咪數量增加，我和同事曾戲稱整間店就快成為貓園。小貓們膽小又警戒的個性，使牠們並不像菠菠那麼平易近人，也就鮮少讓牠們有能夠出籠的機會。

某次，我們讓其中一隻看起來較為溫馴的小貓出籠，沒想到因為同事一個無意的大動作，讓牠嚇了一跳而炸毛爆衝，抓了我整手的傷還流了滿手的血，我還因此被帶去打破傷風。

我永遠記得，討厭打針的我一直咕噥著不想打針，但抓著我到附近醫院的同事絲毫沒有憐憫之心。就連聽到我被野貓抓傷的醫生都忍著笑意，在幫我簡單消毒過後，便跟我說：「你現在可以去拿藥，然後去注射室打破傷風了喔！」

根據同事的轉述，我當時的表情簡直像是看見隕石撞擊地球。

然而，最令我難以忘懷的是注射室的護理師發現我當天穿的長袖衣服不方便拉到手肘上，還很爽快地聳聳肩說：「那就打屁股吧！」

如果聽到要打針是像看見隕石撞擊地球，那麼得知要被注射在屁股上可能就像是世界末日的來臨。

隨著跟小貓們相處的時間變長，菠菠也發現自己不再是店裡唯一的一隻貓了。面對意外到來的不速之客，牠經常到籠子旁對著團結地聚在一塊兒的小貓哈氣、叫囂。我們也發現小貓們中的公貓雖然年紀比菠菠小，但是蛋蛋卻十分明顯，反觀預估有五、六個月大的菠菠卻什麼也沒有。

沒錯，在菠菠來了的第二個月，我們才發現這個被叫了一個多月的男生其實是個女孩。為此我們還不斷跟菠菠道歉，也對於我們嘲笑牠發育遲緩的小蛋蛋感到相當抱歉，只是，牠要怪就去怪對面鹹酥雞店的老闆吧！

能遇見和自己契合的寵物其實是件很奇妙的事，之後因為某些緣故，「菠菠」成為我家的成員。回顧認識牠到現在，五個多月的時間裡，其實發生了很多事。牠並沒有因為少了一隻手而異於其他貓，活動力還很旺盛。回頭看牠的照片，對照著現在已經萎縮彎曲的手，還是特別心疼這個才八個多月大的孩子，即使牠搗蛋闖禍時總是比四肢健全的貓還更具有破壞力。

每天回家都會被來應門的菠菠逗得心花怒放，牠討摸摸蹭腳還有倒下來撒嬌的賣萌樣，都會把我弄得春心蕩漾，偶爾，我也會被牠在椅子上趴著放空的厭世樣惹笑。我沒想過自己能有機會遇上一隻讓我投注全部心力的寵物，因為菠菠，我開始改變生活習慣：會早點回家在牠睡前摸摸牠或是和牠多玩一會兒；不用上班、上學的日子，也會比往常早起，就只是為了能多陪陪牠。

而那三隻曾住在天花板夾縫中的小貓都成功送養，都有了會愛護、照顧牠們的主人。菠菠現在住在我家，牠被老闆和同事們笑稱是用一隻手換取了不必餐風露宿還有人疼的幸福。

從沒想過要購買或領養寵物的我，突然被這麼一隻三腳貓闖進了生命裡，天天過著被牠挑戰用照片、影片侵占手機容量的人生。有時候，時間到了、緣分來了，自然就會有天使降臨在我們的身邊呢！

新手貓奴——征服狗派的貓

寒假將近，大學附近幾乎變成空城，店家們因為不符成本紛紛縮短了營業時間，有的店面乾脆暫休到開學。照理來說我打工的餐廳應該也可以和那些店家一樣，拉下鐵門直到開學日到來再營業，但是那時店裡還有出車禍從鬼門關被救回來的菠菠和天花板一家，自然得有人負責去餵食牠們。

寒假沒有另外安排活動的我，順理成章地擔當每天前往餐廳進行餵食、清潔的鏟屎官職位。每到接近中午的時候，一拉開店裡的鐵門就會有隻愛撒嬌的虎斑貓走到門口對著我喵喵叫，彷彿在對我說：「你終於來了，我都快餓死了！」

「菠菠早安，你有沒有欺負弟弟妹妹啊？」菠菠總會把翹高的屁股對著我，討摸摸後還會翻個跟斗，再躺下來伸伸懶腰，大約在這時候，籠子裡的小貓們也會開始拉起嗓門抗議著表示要吃飯了。

其實餵食工作很簡單，就是幫牠們換換水、換換飼料，真正困難的是清潔工作。除了鏟貓砂外，每天都要將灑出來的貓砂掃乾淨。而整理貓籠環境的時間，前前後後加起來至少都要半小時至一小時左右。中午，牠們吃飯的時候，我也跟著吃我的午餐，然後我會待在店裡陪伴著四隻貓（貓媽媽在被帶去絕育後，我們就讓牠回歸街頭了），等到傍晚時分，我才會離開店面，因為老闆會到店裡餵貓吃晚餐。

隨著寒假一天天地過去，迎接我們的是農曆新年，這也代表我能夠去餵貓的時間越來越不穩定了（過年時，家裡的活動總是比較多）。在寒假前，我有跟父母溝通過，希望過年期間能帶菠菠回家借住一段時間，恰巧前陣子晚上經常發生地震，我也剛好藉此提早將菠菠接回家。現在想想，那時天花板的三隻小貓不知道有多羨慕菠菠能夠離開店裡？還是牠們其實很高興不會一直有常常待在牠們籠子旁哈氣的母老虎？

還記得菠菠剛來到我家的時候，我爸爸對著待在籠子裡正努力適應環境的菠菠說：「比起貓，我還是比較喜歡狗耶！」曾開過寵物美容店的爸爸有養過三隻狗，在照顧狗的那方面，我相信爸爸是熟練的老手，但在豢養貓的這部分，他絕對是百分之百的新手。

我還記得某天早上，我爸爸一邊用手摸著菠菠的頭，一邊緊張地問我：「你這隻貓好像肺進水耶！牠剛剛呼吸的時候一直有呼嚕呼嚕的聲音。」原本聽到肺進水，我也跟著緊張，但爸爸後面補充的那句話讓我直接噴笑了出來，我趕緊安撫爸爸，跟他說貓在感覺舒服的時候都會發出呼嚕聲，這是正常的情況，請他不用擔心。自那時開始，爸爸和媽媽都會想盡方法要摸得讓菠菠發出呼嚕聲，而這樣會使他們很有成就感。

當然，在店裡嘗過自由滋味的菠菠並不會甘心待在籠子的狹小空間內，原本我會在入睡或出門前將牠關回籠子裡，一方面是怕牠還沒習慣家裡的環境，另一方面也擔心家裡的東西會被牠破壞。起初，菠菠會待在用布蓋住的籠子裡好好睡覺，但是每到凌晨四點多，牠只要一聽見準備出門運動的奶奶進行盥洗、吃早餐的動靜，便會放聲大叫，我父母沒被吵醒，倒是我被連續被牠叫醒了好幾天。最後我終於受不了，放棄將菠菠關在籠子裡算，牠也再度用抗議的方式為自己換取了自由。

菠菠在我們家適應得很快，只有頭三天會窩在沙發底下觀察我的家人，之後就在家中穿梭自如，整個客廳都是牠的遊樂園。原本對貓沒什麼興趣的爸爸，竟然每天早上都會待在客廳跟菠菠相處、玩耍，他也漸漸適應家裡有個「暫時」的新成員了。

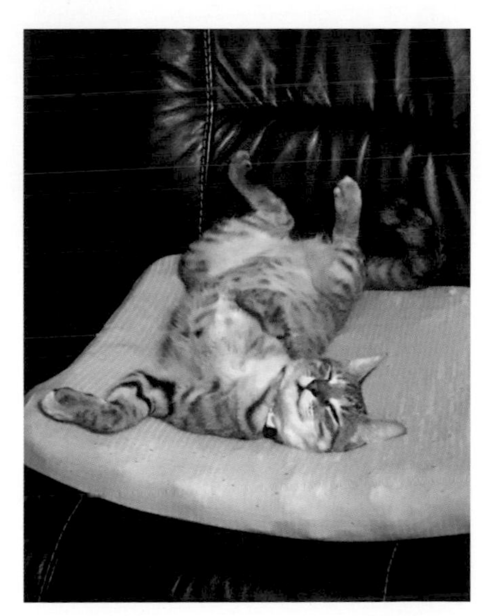

自從不再被關在籠子裡了以後，菠菠的活動空間變得很大，白天，全家人出門後，牠經常會占據一張放在陽台的椅子，俯瞰著樓下來往的車輛或是從窗邊飛過的鳥類，牠好像可以待在那裡看一整天的風景，直到日落進入黑夜為止。等到有人回家，牠便會跳下椅子，婀娜

多姿地走到玄關，「砰」的一聲倒在地上伸懶腰討人摸、對人撒嬌。另外，我家還有兩張單人沙發也都變成牠的專屬床位，牠總是會按照心情選擇要睡在哪張床上。為了防止沙發的皮革被抓壞，媽媽還拿了舊毛巾鋪在椅墊上，而原本另外加放的沙發坐墊早已被牠咬得坑坑巴巴了。

在菠菠來借住前，媽媽很期待可以看到久仰多時的貓，爸爸則是對這件事毫無興趣。然而，時間久了，情況卻有些許不同，媽媽依舊很喜歡摸菠菠，而原本堅持自己是狗派的爸爸開始偷偷餵菠菠吃貓的零食，還會主動去買罐頭回來餵牠，甚至告訴我要買湯罐，因為湯罐比較天然，對菠菠比較好。

很快地，寒假結束了，原本跟父母約定好開店時就會把菠菠帶回店裡，但因為老闆家中發生了一些事情致使延後店面重新開張的時間，又多把菠菠留了一會兒。奇怪的是，都開學一個多禮拜了，通常會將時間記得牢靠的爸爸竟然都沒有問我何時要將貓帶走。直到有天，媽媽問我「怎麼都開學了，還沒把人家店裡的貓帶回去？

該不會是要把菠菠留下來了？」我當時還開玩笑地說：「反正爸這麼喜歡菠菠，不僅會幫牠鏟貓砂、買罐頭，還會陪菠菠玩逗貓棒，乾脆讓牠留下來姓陳好了。」沒想到，爸爸聽媽媽轉述這段對話後，很自然地說：「嗯，那要找時間把籠子送回去，反正牠在我們家也不需要籠子。」

於是，我將父母想領養菠菠的意願傳達給老闆知道，他馬上贊同讓菠菠繼續留在我家，因為那時忙著處理家務事的老闆都已經沒時間開店了，就更別提再養一隻店貓。而他認為所有同事裡就屬我和菠菠最投緣，菠菠在我們家裡受到十足的呵護與照顧，所以，從那天起，原本是隻店貓的菠菠正式成為了家貓，開始了牠姓陳的日子。

「不是說比較喜歡狗，對貓沒什麼興趣嗎？」

「……」

「爸，恭喜你加入了鏟屎官的行列！」

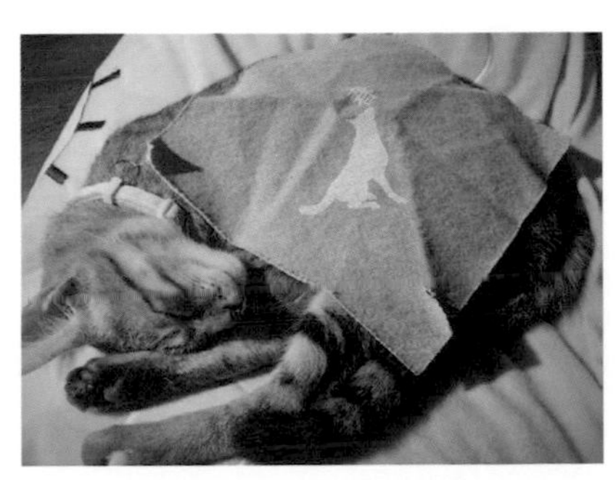

邂逅一隻貓——貓奴是怎樣煉成的

「如果你馴服了我，我們就會互相需要。
對我來說，你將會是世界上獨一無二的。」

安東尼·聖修伯里《小王子》

（一）楔子

那是個微雨的秋季傍晚，放學後的校園，像放飛鳥群的巨籠，殘存著喧囂的餘燼，空氣中飄忽著孤寂的游絲。我獨自在辦公室加班的燈火此刻彷彿燈塔，在空曠的校園中點亮一方暖意，是不是因為這樣，吸引了妳？規律的打字聲外，感知到輕巧的腳步，原來是妳，無聲地朝我走來。意態從容，是君臨城下那種自信；在外頭踩過水窪的肉墊，一步一印，留下一行靈巧逗趣的足跡，延伸至我身旁，縱身一躍，戛然而止。

下一秒，我桌上遂多了一隻蜷身呼嚕的貓咪。若說，所有相遇都是久別重逢，妳我之間，又有著什麼樣的前緣待續？

（二）留下來陪我生活

窗外下著雨，該拿妳怎麼辦才好？正盯著妳發愁，冷不防被妳一個噴嚏襲擊，看來這小東西是淋了雨感冒了！既然如此，任誰都無法狠下心來把妳驅趕回雨裡風裡吧？就這樣，妳被我拎著去了動物醫院，又跟著我回家。從未照料過小動物的我，轉瞬間成了一隻小貓的媽——先是手忙腳亂地灌食感冒藥，接著張羅罐頭、飲水、貓砂盆……妳倒也不客氣，一路跟前跟後好奇探查，時而喵喵叫地指揮，完全當成自個兒窩，毫無作客的疏離生分。先生返家後，與妳打了照面，平素即嚮往養貓的他，自是極力爭取讓妳留下，就這樣，從此我們變成了兩人一貓的三口之家。

（三）貓時光

毛色黑白相間的妳，江湖人稱「烏雲蓋雪」。一張倒三角臉兒，以鼻為界劃分為三等分——鼻頭烏亮濕潤，鼻上兩側延伸至雙耳是黑色的，鑲著兩丸渾圓如黑水銀的眼睛；鼻下毛色雪白，點綴著一點唇吻的粉嫩；唇邊有一小撮貪吃痣般的黑髭，加上往臉邊延伸的長長白鬚，這般兼具個性與喜感的顏值，就是我恆常的百憂解。

咱家伙食好，妳的體型也從 S、M、L……以等比級數上升。搖身一變化為巨貓的妳，動靜之間都讓人移不開視線。醒來後第一眼看到的是伏在床沿打盹的妳，肥滿的臀蹲踞成一座黑色小山，展示著貴妃春睏的慵懶。風吹帘動，窗外種了一棵老桑樹，枝枒攀上二樓高，清晨總吸引雀鳥來此駐足，桑葚成熟時更是熱鬧，成群成群的啁啾跳躍、自在飲啄；牠們都是妳的朋友，一聽到鳥鳴，妳總是瞬間帶勁，倏地挺直上身巴在窗邊張望，雙眸教陽光拉成眯瞇的直線，想來是啥也瞧不清的，但這並無損妳想和朋友們打招呼的熱烈情懷。總是這樣，妳看向窗外，我看著妳，無盡寵溺……我想，「歲月靜好」不過如此這般。

自從生活中有妳，坐時，有妳靜伏膝頭；臥時，有妳蜷窩身畔，暖呼呼的體溫與均勻鼻息相伴，間或夾雜著愜意的呼嚕聲不絕如縷。凝視著妳優雅的輪廓，尖尖的耳朵、水亮的眼睛、小巧的鼻，一面撫觸柔順烏亮的毛髮，時間不知不覺緩慢起來。有時是我先睏極而眠，有時是妳不敵撫觸攻勢而舒服地闔眼，和貓咪膩在一起的時光，總是格外悠長、安詳。

（四）死神拔河記

遇見妳時，妳只是一歲左右的小毛頭；以人類換算，約莫是有女懷春的年紀。陪著妳熬過發情期的焦躁，不希望妳往後的生涯還要常常為荷爾蒙的擾動而受苦，決定讓妳接受絕育手術；但打開腹腔清除子宮卵巢是大手術，我竟沒料想到，可能會因而失去妳……

一日下班回家，發現妳吐了一地黃褐色的汁液，最愛的罐頭也吸引不了妳，趕緊帶著妳奔赴急診，經過一連串檢驗後確診為貓瘟，白血球降得很低很低，醫生說，貓瘟是沒有特效藥的，只能靠貓咪自身的抵抗力戰勝病魔。妳剛做完絕育手術體力正弱，恐怕不容易抵禦病毒的來勢洶洶。妳渾身發燙，卻仍好奇地在診間逡巡張望，一雙圓圓亮亮的眼睛滴溜溜轉……

看著妳前肢被剃掉一撮毛，粗硬的針管扎進妳細嫩的皮膚灌輸營養液；接著就被戴上頸圈關進冰冷的鐵柵裡，真是說不出的心疼難受。當時忍不住想：若沒有自以為是地帶妳回家、為妳絕育，會不會妳就毋須經此劫難？

接下來的幾天，妳都住在醫院裡。家裡少了妳低聲嗚咽的撒嬌，水碗、飼料盤空蕩蕩的，內心不由得一陣酸楚。每天都到醫院為妳打氣，妳看到我們來，慢悠悠地踱到柵欄前撒嬌，眼神依舊水靈清亮，透著堅毅，我想，妳是捨不得這個世界的吧？只能盡可能地靠近妳呼喚著：「妳是世界上最可愛、最勇敢的小貓咪，我們等妳回家！」

五天後，終於盼到妳可以正常進食、不再嘔吐的消息，終於可以回家了！回到家後，妳盡情地四處走走看看，因為有軟綿綿的小窩可以踏踏，妳滿意地發出了響亮的呼嚕嚕聲……我心上的大石終於卸下——妳若安好，便是晴天。

（五）我們的故事，未完待續

家有一貓，如有一寶，所有的目光和歡笑都圍繞著妳打轉；也許有一天，我們會有自己的寶寶，但妳永遠是我們親愛的家人。如果可以，請讓我陪著妳慢活，和妳一起迎接每個和鳥兒話家常的早晨，再一起伸個長長的貓式懶腰；至於老鼠、蟑螂、守宮之流，就睜一隻眼閉一隻眼，讓牠們也有太平日子過吧！

拾貓記——披著貓皮的喵星人

村上春樹在《尋找漩渦貓的方法》中對於「人終究比貓聰明」這個說法表現出極大的疑問，他發誓看過比人聰明的貓。近年來，喵星人一詞已成為貓咪的代名詞，這除了是人類喜歡用擬人的方式來看貓之外，也顯示出人將「貓權」放在與「人權」相等的天秤之上，更有意思的是，在貓咪長時間地與人類共享家庭空間後，不少人會信誓旦旦地宣稱，自家的貓咪絕對是披著貓皮的人。

我也曾經遇過這麼聰明的貓，因為牠詐騙了我。

當你養了一隻貓之後，你不只是愛上你的貓，而是愛上整個貓族。一想到家裡那位公主、少爺可以毫不付出地享受全面性的溫飽，你就無法忍受有任何貓族尚受迫於饑寒之中。於是你開始在包包裡放著貓乾糧或是貓罐頭，一旦看到落單的貓咪，就會試圖給予牠們食物，進而，你可能會開始在深夜走出家門，到你常看到有流浪貓之處放置食物，然後，總會有那麼一個時機，你遇到了極小的幼貓或傷病求救的貓隻，而你冒著得罪自家主子的危險，先把貓咪接回家，給予牠醫療和照護，最後，你上網送養，費盡心思就只是為了讓這隻暫住的孩子找到牠幸福的家。

好吧！我說的不是你，是我。

遇到花花的時候，是十月末一個秋涼微陽的日子。

花花是一隻瘦瘦的小三花貓，在一家早餐店門口晃蕩。牠對人

沒有任何的戒心，即使是初見陌生如我，也肯給摸。早餐店的老闆也是愛貓人，他表示自己會給小貓吃自家貓咪的貓糧，所以牠都在這一帶玩。我感謝老闆的愛心，並跟他說，如果願意，可以把小貓的訊息放上網，或許可以幫牠找個家。過了幾天，我再經過早餐店，刻意尋找小花貓的身影。這時，老闆認出了我，有點困擾地說，他發現小貓會很不怕死地穿越馬路，他實在害怕小貓會被車撞死，不知道我是否願意幫忙送養小花貓。當時我已經有過幾次送養經驗，也算駕輕就熟，於是便一口答應了。老闆找來了小貓，用紙箱把牠裝了起來，而牠就這樣跟我回了家。

我暫時給牠取名為花花。

花花是一隻十分自來熟的貓咪，只花了半天時間就從野花變家花。我看花花體型大約三、四個月大，個性又親人，看到我家大貓也不怕，肯定有人喜歡，預約了明天帶去醫院驅蟲，確認身體健康，就可以上網送養。花花去醫院的時候仍然很乖，醫生都稱讚牠脾氣好，只是當醫生看了牠的牙齒後，跟我說花花其實已經七個月大，算是小成貓了，可能是長期營養不良，錯失了發育期，才會如此瘦弱，還說牠也許一輩子都會是這樣骨架小巧的模樣了。這讓我十分心疼眼前這隻親人親貓的小貓咪，決意回家好好讓牠補補身體。沒想到過沒幾天，原本活潑的花花開始不吃飯，鼻子還不斷流鼻水，帶去看醫生，發現牠不只感冒流鼻水、發燒，耳朵居然還發炎、流膿。在短短數日內，諸般症狀並集，醫生覺得情況不單純，除了打針開藥，更建議抽血，送專業實驗室檢驗。他甚至擔心花花其實得了免疫不全的貓愛滋，才會抵抗力這麼弱，然後，化驗結果在三天後會出爐。

我傷心地帶著花花回家，把牠放回隔離的貓籠裡。回想起來，帶花花回家當天，幫牠洗澡時就發現牠背上有個大型的已結痂傷疤，大概那就是牠感染貓愛滋的途徑吧？這樣一隻小小貓咪，獨自在街頭討生活，得到的食物遠遠不能支持身體發育，更可能是因為被別的大貓攻擊導致受傷染病。我看著牠哭，又哭著對牠說：「花

花，你生病了，大概不會有人想養你了。雖然你有貓愛滋，但只要你好好和哥哥、姐姐們相處就沒有關係，所以，你就待在我家吧！」貓愛滋是透過血液才會傳染的病，不會傳染給人，只要貓咪之間不打鬥見血，就算花花有愛滋貓還是可以和一般貓咪共同生活的。因此，我決心自己養花花，每天為牠補充營養、餵牠吃藥，並向醫生學習清理貓耳的方法，之後再為牠上藥。二天後回診時，醫生說檢驗報告提早出來了，而且「牠沒有得貓愛滋。」

咦？「那為什麼花花一時之間什麼病都冒出來了？」我驚訝地反問醫生。醫生也說不出原因何在，只初步判斷大概是花花流浪時太辛苦了，身體底子不好吧？之後，我開始與花花身上各種不明原因的發炎症狀對抗，花花在感冒好了之後，耳朵仍不斷發炎、流膿。醫生做了菌種培養，結果失敗，只能不斷更改抗生素的內容，嘗試壓制炎症。最後，在花了二、三萬的醫療費用後，花花的耳朵狀況總算控制了下來，雖然每次驗血都還是不明原因地白血球過高，但花花也就這樣成了我家的正式成員。

然後，花花也養肥到能結紮了。帶牠去醫院的路上，我特意繞到早餐店，跟老闆報告，這隻貓咪我決定自己養了。老闆問：「為什麼？」我心想，因為牠是一隻體弱多病的吃錢貓，麻煩又難養，不會有人要的。我現在都懷疑牠是算準了的詐騙集團！一開始先在你這裡埋伏，看我第一次沒帶牠走，就開始學著用過馬路來搏取同情，安生個二、三天後，看我打算送養牠，又把所有症狀都擠出來，騙得醫生跟我說牠可能得了貓愛滋，讓我哭著發誓要養牠。現在看位置坐穩了，就慢慢把自己的病養好，連身子都養肥了，一副天下太平貌。

老闆問：「為什麼？」

我笑著回答：「因為牠很可愛。」

老闆開心地說：「是吧！是吧！牠真的很可愛，妳好幸運養到牠。」

「是呀！花花跟人家說拜拜，我們要去結紮了哦！」

「花花，拜拜～～」

我知道，我知道，說花花詐騙了我，完全是我自己心理作祟，其實花花只是和牠的族類一樣，天生強運又漂亮，今天不是我自己送上門去，也會是別的貓奴一頭栽進去。花花成為我的大宅門裡的第五房小妾，活脫脫就是個潘金蓮，每天顛寒作熱，鎮日不能安生——使出貓爪功，硬生生抓壞房門，讓牠在家中來去自如；溜進儲藏室，咬破貓糧袋子，窩藏在紙箱底下，做為緊急備用小糧倉；把所有牠能移動的桌上物品全掃下去，實驗人造物品的耐摔度……

這些都和牠剛進門時的嬌弱形象全然不符，唯有一件事不變——牠仍然被我喚以花花這個菜市場名。

哼！誰叫牠要詐騙我！

來自星星的咪咪——貓，讓愛變得簡單

你是怎麼愛上貓咪的？台灣早期並沒有養貓當寵物的習慣，相信新一代的貓奴多為自然產生，少有家學淵源者。那麼你的第一隻貓是如何而來？你又是怎麼變成貓奴的呢？

我生命中的第一隻貓咪，來自隔壁鄰居的棄養，牠是咪咪。有人花了大錢把牠從寵物店買出來，但買牠的人不久後就結婚離家，而咪咪原主人的媽媽竟把咪咪直接放養在外頭，只在門口放些難吃的乾糧，對牠棄之不理。不知道剛被丟出來的咪咪究竟有多傷心害怕，我爸爸看不下去，會拿一些家裡的雞肉、魚肉去餵食牠，此後，聰明的咪咪看到他就會邊跟邊叫。後來，咪咪已不再回牠原本的家門外，直接轉移陣地，住進我家車庫裡，爸爸會每天拿食物到車庫旁的菜園給牠吃。

大學放假回老家，第一眼看到咪咪，我就愛上了牠。牠是一隻全身雪白、金藍異瞳的貓，即使處於半流浪階段，仍十足引人注目。從此以後，我待在老家的時間，多數都是在尋找咪咪、陪伴咪咪——陪牠在菜園裡閒晃，看牠在家門口舔毛洗臉。晝日裡，我會開門讓咪咪進到家裡，到了夜晚，為了技巧性地讓咪咪留宿，我索性睡在一樓，讓牠待在客廳陪我。因為我的堅持，咪咪變成我們家庭的一分子，家裡開始有牠專屬的墊子，有特意為牠買來的貓糧，而每間房間牠都能自由進出，晚上甚至還會陪著我爸媽看電視。咪咪想出門蹓躂時，只要喵一聲，爸媽就會打開廚房後門，讓牠出去逛大街，而咪咪上完廁所、巡邏完地盤後就會回家。鄉下地方小，誰都知道這隻漂亮的白貓，是我家的。

但是，有些特別的日子，咪咪不會出門玩。那些日子，往往是我爸媽或奶奶對牠說過「今天姐姐會回來」的時刻。我回到家的第一件事就是問：「咪咪在家嗎？」得到的答覆總是：「今天有跟牠說妳會回來，所以咪咪一定在家。」然後我開始在家裡大叫著「咪咪～咪咪～咪咪～」，再沿著一樓、二樓、三樓地找尋牠的身影，最後總會看見牠窩在某個角落，用大大的眼睛望向我，對我喵喵叫。

愛上咪咪的理由很簡單，就只是因為牠是這世上最美的女孩。我曾經花很長很長時間去凝視咪咪寶石般的眼睛，然後癡心妄想著「這一定是宇宙的顏色、星辰的結晶」。相信很多人愛上貓咪的初始理由都與我一樣，畢竟牠們是那樣地完美。不只是那些有著柔蓬毛皮、純色瞳眸的品種貓很美，所有貓咪共有的柔軟身段、圓亮眼瞳也很美，牠們走路沒有聲音的輕巧、洗臉舔毛時的專注，創造出一座專屬於貓咪的宇宙。

然而，更有意思的是，人在成為貓奴之後，愛的不只是貓的美好，更愛牠們的缺點。一邊在嘴裡咒罵著：「臭咪」、「壞寶」，一邊又甘之如飴地為貓咪收拾被牠弄亂的家，掃撿四散的紙箱殘片，清潔滿是貓砂的地板。只要貓咪一喊餓，就會急匆匆地準備食物，還要邊道歉地說：「好啦！好啦！等我一下嘛！我才剛回來呀！馬上就好了，又不是要故意餓妳～～」人對貓咪的無限讓步，已經讓貓咪冠上主子的稱號，而人不過是奴才。

儘管貓咪成為人類伙伴的歷史，遠晚於狗狗，更別提牠們到目前為止都還沒被完全馴養，也不像狗狗可以負擔眾多服務人類的工作。然而，貓咪成為受寵的家庭成員之現象卻快速蔓延，任何與貓相關或是具備貓形象的產品商機大開，成為一股「貓力崛起」的熱潮。這種喵皇登基、君臨人類的現象，甚至引發了科學討論。研究指出，人類無條件地愛上貓，可能跟貓咪長得像人類嬰兒有關。貓咪眼睛的位置和人類一樣位於臉的正面，小小的臉上有著比例誇張的瞳眸，飽滿的額頭又有小小的鼻尖，而這些被稱為「嬰兒釋出器」（baby releaser）的外表特徵，使人類在看到貓咪時，自然聯想到本族的幼兒，進而釋放出無限的關愛。

這自然能說明為何人類往往自居為寵物貓的「麻麻」、「拔拔」，或稱呼那有著蓬鬆毛髮和圓亮眼睛的小可愛為「鵝子」、「女鵝」。也就是說，人類往往把親子關係延伸到人貓關係。因此，對人來說，不管長到多大，貓咪都是無力照顧自己且需要被全天候關心才能存活下來的嬰兒。無論貓咪把家裡弄得多亂，或是造成家中多少金錢損失，唯有貓咪開心、健康才是最重要的。又因為人類下意識地將貓咪擬人化，許多養貓人都宣稱看得懂貓咪的表情，為貓咪的種種言行加諸對話來自娛娛人，而很多配上字幕的貓咪影片在網路上大行其道。

這神奇的「嬰兒釋出器」緊緊掐住人類本能的軟肋，讓我們遺忘了其實貓科動物是大自然創造出來最完美的狩獵機器，任何一隻貓咪都是天生的掠食者，雖然牠們隨時都能退回野外，但牠們現在

能憑藉著漂亮的外貌堂而皇之地入住人類城堡，理直氣壯地接受供養。猶如我和爸媽通電話，就一定要問咪咪在做什麼？這時，媽媽往往會看向已吃飽喝足正窩在軟墊上的咪咪，回答我說：「伊在做皇帝。」我想，如果有一天，人類能統一全宇宙，那麼貓咪肯定能統治全人類。

然而，這卻不能進一步解釋人類在愛上自家貓咪後，為何會愛屋及烏地將愛心無限延伸到所有貓咪身上。那些風雨無阻地在黑夜裡出沒的愛爸愛媽們，不求回報地餵養街頭的毛小孩，幫小貓送養，替大貓結紮，救助傷病貓，甚至開設貓屋，成為貓中途。即使沒有親自從事貓咪救護行動，只要有貓友在社群網站上通報傷病貓，就會有許多貓奴願意伸出援手，出錢出力，然後，只要看到貓咪有好的歸宿，就會覺得這一切比什麼都值得。然後，一次又一次，總有人願意持續地做下去。

在這個講求利益而資本主義無孔不入的世界裡，人類對貓的付出正紮紮實實地逆反了資本主義的形態。這到底是一股什麼樣的力量呢？不管是因為貓咪長得漂亮，還是因為人類想持續讓自己在完美的親子關係中，抑或是因為喜歡看貓咪在陽光下舒服地梳理毛髮的模樣，我想答案都只有一個字，那就是「愛」，唯有愛能超越利益，凌駕在一切之上。

網路上流傳著一則笑話，有個人在路上看到流浪狗，把狗狗帶回家，為牠洗澡，拿柔軟的毛巾擦乾牠的毛髮，再拿出乾淨的飲用水和好吃的食物擺在狗狗的面前，狗狗會滿懷感動地想：「這人一定是上帝，不然怎麼會對我這麼好？」然而，同一個人在路上看到流浪貓，把貓咪帶回家，為牠洗澡，拿柔軟的毛巾擦乾牠的毛髮，再拿出乾淨的飲用水和好吃的食物擺在貓咪的面前，貓咪則會思考：「我一定是上帝，不然怎麼會對我這麼好？」

貓咪就是這麼超然地享受當下，享受牠所擁有的一切，不管牠們曾經歷過什麼，貓咪都會當仁不讓地享受眼下的美好，無論是寒冬裡的一絲暖陽，或是大雨中的一處乾燥之地，甚至是嘴邊的美味食物、身邊的一窪淺澈清水。就像咪咪，不管當年牠剛被棄養時有多害怕傷心，從牠開始學會探尋戶外世界，到牠成為我家菜園裡的霸主，再到住進我家成為家裡皇帝，牠都享受著一切，專注地舔拭毛髮後安穩地睡去，不讓曾經的創傷在牠身上留下一絲痕跡。貓咪讓總是糾結在無謂苦惱中的人類見證了面對生命應有的姿態，牠們讓我們理解世界可以更有希望，而事情也可以更為簡單。

貓咪不回顧、不悔恨、不張望，牠們理直氣壯享受當下的每一寸美好。

貓，讓愛變得簡單。

Dear My Parrot

灣溪/

本名林怡君，文字與攝影都得過一些獎項，偶爾以 YC、Delia 之名行世，在某些圈子以「樓下的學姊」知曉。現藏身於中部某大學，但時常會在台北出沒。興趣廣泛，喜歡奇裝，喜歡異人，喜歡動物——養狗，養鳥，想養貓但不能養。

我的室友叫畢畢

我現在的室友是一隻鳥，名字叫畢畢——跟一個知名歌手的小名一樣。不過畢畢叫畢畢的時候，畢還不是火紅藝人，所以這名字可不是抄來的——當然，我完全不介意我家畢畢長大後修練成一名像他一樣會唱歌的美少年，甚至，我也完全不介意對方衝著這個名字來認個親。

「畢畢」名字的由來，跟我自己的菜市場名來源並不一樣。我的名字源於求好心切的父母以及偷懶地把同一個名字給了數以萬計個女嬰的命理師，而畢畢的名字是牠自己選來的，當牠還是隻雛鳥時，自己從候選名單中把「畢畢」二字推到了我的面前。雖然我覺得有更好的名字可以選，但這名字終究是牠自己挑的，如果哪天牠自己不喜歡了，也怨不著我。

◎

在畢畢之前，我還養了幾隻鳥——跟愛吃醋的情人不一樣，畢畢不介意我提到 ex.，牠唯一的情敵只有手機而已——我第一次親手「奶」大的鳥是一對白文，兩隻白文小朋友長得一模一樣，只是一隻尾巴長，一隻尾巴短，於是分別叫做長尾和短尾。

幾年後，我看了日本漫畫家今市子的《百鬼夜行抄》，裡頭有兩隻烏鴉天狗尾黑、尾白。網友們、鳥友們在意的是牠們的原型

——尾黑、尾白的形象來自今市子飼養的文鳥，但我在意的是牠們的名字——原來也有人用跟我一樣的邏輯草率地以外型特徵為自己的愛鳥命名。

短尾和長尾陪我度過大學時光，直到某一天，我出門上課，半天過後回到房間，只聽哀鳴一聲，短尾忽然從桿子上墜下來，就這樣死了。我把鳥養在室內，不可能是受到攻擊，出門前，短尾也還精神抖擻地啾啾叫，到底牠為什麼會死呢？至今我還是不知道死因，我只知道牠是硬撐地等著見我最後一面。牠真的是我遇過最深情的鳥了。

短尾死了之後，長尾改名「小 white」，我旅台的法國朋友還為牠取了法文名字，然而小 white 似乎不認得自己的名字，牠認得的是我措唇呼喚牠時的那串旋律。

小 white 死後，新來的文鳥因為病弱，總是一臉呆樣，被我喚為「小呆」。然後，我又領養了白文鳥父親和黑文鳥母親生下了的混血文鳥——黑頭玄翼、白頰雪腹、赤足赤喙，所以叫做「三斑家文」。

不知道是流年不利還是新文鳥們先天體虛，總之，小呆和三斑家文都沒能壽終正寢。

◎

不知道諸君有沒有發現，人類為自己的動物夥伴取名字都是有規律的。如果你問google大神，它會告訴你：寵物界也有菜市場名。

我們觀察 2016 年菜市場名排行榜的前十名，以狗界來說，多半來自牠們的顏色、性別、外貌、個性，而且不是以「小」字為開頭（例如小黑、小白），就是疊字（如嘟嘟、皮皮）；而貓界的菜市場名則是來自牠們的叫聲（例如咪咪、喵喵），或是花色（例如小虎、小花、橘子）。我們透過名字，幾乎就能猜想到牠的模樣：汪汪是狗、咪咪是貓，花花至少身有三色，而布丁大概是黑黃相間，橘子則是橘色的貓咪，至於小黑肯定渾身黑得沒有一根雜毛。相較之下，人類為自己的兒女取名，還真是費盡了苦心。

然而，自從三斑家文走後，我已不敢再用這麼輕率的方式為我的寵物夥伴取名字了。

◎

俗話說：「上山打虎易，開口求人難。」在人類群體中，有一部分的人是極倔強的，他們總是把自己逼到極限，再怎麼苦也不肯求援。他們認為自己的道路自己走，自己的責任自己揹，拿自己的問題去求人幫忙，只是在拖累親朋好友，不負責任地把自己的困難轉嫁到他人身上。

還有一種人是被世界狠狠地傷害了，在每一次墜落懸崖的千鈞一髮之際，都會滿懷希望地伸出求援的手，卻一次又一次地被狠狠推落，然後摔得更慘。就這麼摔了幾次之後，他們終於明白——求援就是把自己放上血腥的祭台，袒露出自己最柔軟的胸腹，再向這個世界宣告：「我不行了，這是我的弱點，請拿去用吧！」或許他們終其一生，都將無法學會「哭出來，其實是沒關係的」。

後面這種人，鳥族一定懂。

鳥族是極其嬌貴的族群，任何的小病，都可能在一天之內奪去牠們的生命；而牠們又是自苦到令人心疼的族群，在食物鏈的最尾端，牠們總是撐著不肯露出病態、疲態，就怕露出了破綻，平白地給了天敵攻擊自己的機會。即使在人類的守護之下，牠們仍然像驕傲的王族，不肯輕易示弱，牠們一旦示弱，隨之而來的就是連人類用醫療藥物都阻擋不了的死亡來襲。

牠們的病痛是從來不顯現的。我有多麼恐懼牠們會猝死，正在「育雛」的我恐怕比人類嬰兒的媽還容易緊張。好幾次半夜驚醒，看到我的小鳥兒們躺在盒子裡一動也不動時，我都深怕惡夢會成真，非要去敲敲盒子，確認了鳥兒茫然的眼神後，我才能安心地躺回去睡（現在回想起來，我家雛鳥的睡眠品質肯定都不太好，真是對不起牠們啊！）。即使到了現在，每一次打開家門前，我都很擔心下一秒會不會看到我的鳥兒冰冷地躺在籠子裡。

我的鳥兒們或許從來不知道，只要牠們一飛出籠，我一定會緊閉門窗、鎖上大門，而且一定拖著腳走路。我就是怕，我知道太多案例了：PTT 的鳥板上不知道有多少鳥是死在牠們主人一個不注意的步伐和屁股底下的。鳥兒們對人類的善意與親近，反而成了牠們的死因。

對於小呆和三斑家文的死亡，我真的無能為力。如果鳥族是脆

弱、好強又愛硬撐的族群，無法「早期發現、早期治療」的話，那麼除了指望神佛保佑和仰仗一個好的姓名來保障命格之外，我還真的想不出有什麼其他的方法可以讓牠們長命百歲。

三斑家文離開了以後，我隔了好久，才又養了一隻文鳥，牠的名字叫「鶤」。

中國古書《爾雅・釋畜》說：「雞三尺為鶤。」鶤，大雞，是個賤名，就跟古代民間會給孩子取名叫「狗蛋」、「大牛」之類的名字一樣，我希望這隻鳥的名字夠低賤，低賤到連陰間小鬼都看不上，就可以默默地、平安地躲過天神地鬼的妒忌而好好長大。同時，「鶤」也是個尊貴無比的名字，另一本古書《淮南子》中指出「鶤」是鳳凰的別名。鳳凰乃是不死鳥，所以我希望「鶤」能夠託鳳凰的福，無災無難地活成鳥瑞。

然而，鳳凰的威力顯然不夠強大，即使做了各種防護措施，即使我再怎麼小心翼翼，「鶤」後來還是被天花板上跳下來的老鼠咬傷——誰想得到老鼠會爬上橫樑再跳下來啊？

幾天後，「鶤」就走了。

如果連不死鳥都無法庇祐我的鳥朋友，究竟還有什麼名字能更顯威能呢？

◎

鳳凰不行，就換別種強大生物甚至非生物吧！畢畢的候選名字來自東、西方神話裡的神獸、神人、天使、惡魔和名器等。

在這些候選名單中，我個人相當喜歡「嘲風」這名字：龍的孩子之一，擁有鳳凰的形象，憑藉著自己的力量就能飛，強大得連風都不看在眼裡。

如果一隻鳳凰不夠力，那就借助神龍的力量，這總夠了吧！我的鳥兒不會再死了吧？

可惜，畢畢不喜歡「嘲風」，牠選了小名是「畢畢」的那個名字。

沒關係，牠喜歡就好。

養牠的時候，我正在寫畢業論文，總是有人問我，是不是想畢業想瘋了，所以才會把牠取名為「畢畢」；也有人以為「畢畢」是「碧碧」，因為牠渾身翠羽；當然還有人以為「畢畢」是「嗶嗶」，就像一般人會為鳥取名叫「小啾」或「吱吱」一樣，從音取名。

不，「畢畢」就是「畢畢」。這個名字蘊含了我對你的期望——啊！不能說是期望，或許該說是我對天地的請求。

牠可以不乖巧、不聰明、不會說話、挑食、浪費飼料、把飼料弄得到處都是、愛大便、搞破壞、把我新做好的衣服咬出一個洞，牠還可以阻止我當低頭族，只要看到我滑手機就生氣地瘋狂尖叫，沒關係，都好，都可以。但是，我唯一的請求是，請牠好好活下去，活到超過鳥族平均壽命的一倍以上，拉高鳥族壽命的平均值。

我只要畢畢能一直健健康康地活下去就好，拜託了。

大便時請回你家

畢畢非常愛乾淨。我說的愛乾淨不只是整理羽毛和洗澡。

整理羽毛是大多數鳥類都喜歡做的事，有一年，我得到非常特別的機會，有幸跟一群企鵝睡了一夜。天亮時我是被企鵝吵醒的，所有的企鵝不是在水裡跳上跳下、橫衝直撞——最厲害的是牠們不但不會撞到彼此，還會準確地在玻璃前急轉彎——就是站在岸上扭頭理毛，三不五時地大聲嘎嘎叫，跟所有不會游泳的鳥類一模一樣。

洗澡也是大多數鳥類的愛。我媽養的八哥和小鸚，只要換了新的水就會跳下水盒，啄水、張開羽毛、把水均勻地甩到身上、抖毛、再啄水……總是要等到換了第二、三盒新水時，牠們才會安分下來。

就算沒有水，有些鳥會喜歡洗沙澡，例如雞。順帶一提，每次看到我家的鳥想怎麼洗就怎麼洗時，就想到蛋雞們往往困在只比身軀大一點的格子籠內，連翅膀都無法張開，還被迫得在眾目睽睽之下毫無安全感地生蛋，牠們連基本需求都得不到，遑論能好好地洗個澡了——每次只要想到這些可憐的蛋雞們，我就覺得自家的鳥兒真是好命。

牠們這麼好命，不結草銜環就算了，還敢咬我、浪費飼料、亂大便，真是太可惡了。然而，我又對有這種念頭的自己感到羞愧，

彷彿我是個慣老闆，不僅不想改善勞工命運，還頤指氣使地指著奴工們說：「你們已經過得夠好了，認命點！」而這樣的我似乎比浪費飼料的畢畢還要可惡，所以才說要解放血汗勞工啊……不，是解放血汗蛋雞，請支持解放蛋雞運動，謝謝。

呃，扯遠了（但我迫切期待成功解放蛋雞，這是真的）。

總之，我要說的是，我家畢畢非常愛乾淨，牠似乎分得出哪裡是「本大爺的家」，而哪裡是「那個不會飛、每天一早就離巢、天黑了還不回巢、忙碌半天還銜不回半點食物的無能生物的家」。每次出籠，應付我兩下（或者我應付地摸摸牠兩下），之後就一定要拉屎。雖然有人說鳥類因為生理構造、無法控制排便的時間、地點，但我深切懷疑這理論要嘛是錯的，要嘛就是畢畢天賦異稟。反正，牠知道弄髒「自己的家」，「自己的家」就會變髒，但大在外面——就算是花錢買食物給牠的金主的地板上或是肩膀上——就沒關係了，呼！

我雖不想限制畢畢「只能」在哪裡大便，但也不想一天到晚為了牠到處擦大便。好在鳥養久了，總會有些默契，現在只要看到畢畢要大便，我就會立刻拿垃圾桶或廢紙來接。有次，表妹來跟畢畢玩，擔心會被鳥弄髒衣服，我立刻跟她打賭「絕對不會」，因為「現在不是畢畢大便的時間」。

「妳怎麼知道牠現在不會大？」

「牠要大之前，會忽然眼神一呆，然後開始抖羽毛⋯⋯」

「等等，鳥的眼神一呆是怎樣？牠不是本來就眼神很呆了嗎？」

「嘿嘿！這就是養鳥人跟妳的不同了，嘿嘿嘿！」

然而，不管跟鳥多麼有默契，我都無法抵抗牠清晨一泡屎。

鳥類在睡眠期間是不拉屎的，天一亮，畢畢是一定要出籠跟我討摸摸，順便出清一夜的存量。而這囤積一整晚的大便數量之多，一張衛生紙絕對不夠清潔，有時屎尿齊出，掉到地上還會濺起來，弄髒好大一片區域，積存整夜的大便往往搞得我滿臉大便——即使「滿臉大便」只是形容詞，但也夠我不爽的了。我又不是生來當牠母親的……說錯了，我又不是生來幫牠擦大便的！所以，我只好每天清晨將牠帶到馬桶上，「便便」、「便便」地喊著，然後邊喊邊覺得荒謬，我就是嫌幫小孩把屎把尿麻煩，才不想生小孩的，但我現在到底在幹嘛呢？

呃，又扯遠了。

我要說的是，看到畢畢如此愛護自己的家，我一方面覺得「哇！那你不能順便愛護我家嗎？好歹我是你的金主啊！」一方面又覺得「我砸大錢買豪宅來讓你住，然後你這麼愛惜，我倒也不覺得枉費了」。

◎

畢畢的「房子」在鳥界絕對堪稱為豪宅，雖然比不上有些人開闢整個房間，將室內佈置成森林任愛鳥遨遊，但擺在我逼仄的小小小小套房裡，就顯得鳥地方真大，人地方真鳥。沒關係，算了，人跟鳥至少有一方住得好就好。

但不管再大的房子，在許多人眼裡，都還是覺得不夠滿意。

從我養鳥開始，就一直會遇到不養鳥的人跟我說：「鳥好可憐，被關住好不自由。」也遇過無腦的鳥版版友不肯帶自己生病的愛鳥去看病，反而帶牠到森林裡放飛，因為「想讓牠在死前感受一下自由的滋味」。有些人覺得鳥就是要讓牠自由自在地飛，卻沒想到人類的空間對鳥來說很危險，鳥兒不是被人們踩到、坐到，就是會從紗窗飛出去後再也找不回家。

鳥飛走不見得是爭取自由想翹家，更可能是被嚇到或隨便飛飛，卻因迷路而回不來。然而，很多社運團體在爭取自由的時候會用籠中鳥做比喻，表示某些群體就像籠中鳥一樣，連自由都不懂得去爭取……

我對爭取自由完全沒有意見，我有意見的是人類只顧著把自己的理想、想像加諸於鳥類身上，完全罔顧鳥也有「空間認同」這種概念。如果他們看過文鳥阿鶇不小心飛走、迷路後，因為聽到同伴吱吱叫，終於認準方向，飛撲回籠子時的那種「驚魂未定、喜極而泣」感；如果他們看過我和畢畢吵架，我對牠大吼後，牠瑟縮了一下就立刻轉身飛回籠中，安心地待在自己的地盤裡對我蓬鬆羽翅、咧嘴大叫的模樣，那麼他們就會知道「有一個『自己的』空間」，對鳥來說，這是多麼重要的事。

籠子對鳥來說不只是限制，更是家。就跟人類、貓、狗的家既是限制、也是保護的概念一樣。

即使是野鳥，被人類養過一陣子後，要回歸野外都需要經過野

放訓練，生為飛不快的鳥種，寵物鳥在野外本來就常常成為被獵食的目標。何況寵物鳥一旦逸籠，往往不知該如何覓食，離群孤鳥除非再度被人類撿到，否則通常只有死路一條。越小型的鳥就越是如此。

然而，有太多人一面宅在自己的家，豢養著自己心愛的寵物，一面卻指責養鳥人給鳥兒一個家、指責鳥兒眷戀自己的家。當人類太習以為常地讓動物承擔太多人類自以為是的理想想像時，這對真正愛護動物的人來說，是非常大的傷害。

我犧牲自己的生活空間，給畢畢最大的豪宅，為了避免讓牠在「自由」的時候受到任何傷害，牠在籠外的每一刻，我的眼球對牠幾乎是不離不棄。好不容易等到牠累了、回「家」了，打開臉書卻看到社運團體彷彿指著所有養鳥人的鼻子罵，說我們是限制鳥類／人類自由的幫兇，這時，我就非常不爽。

　　像看到蛋雞連基本生活需求都不可得一樣地不爽，也像看到畢畢又把大便大在我家而非牠家一樣地不爽。

養鳥和談戀愛是同樣一回事

畢畢的品種是塞內加爾鸚鵡，鳥版暱稱「塞內」。很醜。

黑色大頭，綠背，黃腹，根本是顆土芒果，而且還是沒熟的；笨，到現在也不過會說幾個單詞，還怪腔怪調的。想牠跟灰鸚同樣都是非洲鸚鵡，人家隔壁灰鸚同學都會組合單字使用來表達自己意思了，我家畢畢還在嘎嘎嘎。還有那雙眼睛，成年塞內的眼睛外面是一圈鮮黃，中間才是黑色瞳孔，會隨著光線和情緒進行放大、縮小，說好聽一點是雙鷹眼，說難聽一點就是一對邪眼。唉！畢畢，你就不能維持小時候天真無邪又純真可愛的黑色大眼睛嗎？

不過，好吧！也不能怪畢畢又醜又笨又邪惡，畢竟養塞內是我深思熟慮的結果，而我想不出有比塞內更適合我的鳥了。

我不是衝動飼養，在決定養畢畢之前，我做了非常多功課。事實上養鳥也不能衝動。據科學家估計，世界上鳥的總類多達一萬零四百種（哺乳類動物通通加起來可能還不到鳥類的一半），鳥種之間習性、個性差異非常大，同樣是小型鳥，養相思鳥和養綠繡眼要準備的食物、籠子就完全不一樣，喜歡黏人小伙伴的養到綠繡眼可能會很傷心；喜歡聽鳥唱歌的，每天聽相思鳥鑿子般的鳴聲可能會崩潰。所以，當時我就問過自己：「我需要什麼樣的鳥呢？」

我需要一隻安靜的鳥，因為住在小套房，鳥叫聲太大，別說隔壁鄰居會抗議，連我自己都會不好意思。我聽網友分享過，隔壁鄰居有一隻大鸚鵡，被家人買來陪老奶奶，誰知道鸚鵡叫聲非常宏亮，老奶奶痛苦不堪，最後那隻鸚鵡也不知道怎麼樣了。

我不能養食蟲的鳥，因為牠們的大便很多也很臭，而且我無法傷害一種動物去成就另一種動物。我也不能養食肉的鳥，雖然老鷹超級帥，但是很貴，還要吃活鼠、活雞，而且需要用較多時間、較大空間去照顧、訓練和放飛。我還不能養雀鳥，因為我的夢想是偶爾牽鳥出去玩，牠們的腳太細，就算是拿絲帶當牽繩，起飛的時候也可能會弄斷牠們的腳。

可以是鸚鵡，因為鸚鵡的壽命夠長，文鳥已讓我飽嘗死別之痛，我再也、再也、再也無法忍受愛鳥相處了六、七年後就必須送牠離開。

但不能是小型鸚鵡，因為小鸚鵡的腳也細，無法上外出繩；也不能養大型鸚鵡，我的空間不夠大，更重要的問題是大型鸚鵡活得太久，灰鸚平均五十年到七十年，金剛鸚鵡七十年，鴞鸚鵡平均壽命更是高達九十五年……喔，最後一種差點瀕臨絕種，是保育類動物，不能養。但就算是能飼養的灰鸚、金剛鸚鵡，那五十幾年起跳的壽命也夠讓人心驚膽跳了。想想我現在也不是十來歲的小女孩，哪天我要是老死，而我的愛鳥那時也差不多是隻老鳥，一隻老鳥驟然失去相伴四、五十年的伙伴，那會是怎樣的尋尋覓覓冷冷清清淒淒慘慘戚戚？要牠一隻老鳥用餘生去適應新主人、新環境、新習慣，未免也太殘忍……

啊！還有，咬人不能太痛（賈丁，out ！），要夠親人（美聲、七草、月輪， out ！），大便不能用噴的（眼睛超萌又超級可愛的

橫斑，含淚 out ！吸蜜也 out ！ out ！ out ！通通 out ！）。

雖然我也希望有親人、聰明、漂亮、最好尾巴長如天堂鳥、會說話又會唱歌的鸚鵡可養，但很遺憾的是，這世界上不可能有技能點滿的鸚鵡，只要能符合我的必備需求，我可以棄守說話能力這塊。笨笨的也沒關係，啊！可愛度也放棄好啦！反正再笨再醜的鳥養久了也就習慣了——我連自己都能習慣了，還有什麼不能習慣的呢？

為了找鳥，市面上的鸚鵡類書我大概看了七、八成，每天翻來覆去地看各種可能的鳥，當然也有很多覺得「好可愛！好想養！但是不行，只好哭哭」的鳥，這樣看下來，我在街上、鳥店裡看到各種鸚鵡，大概都叫得出牠們的名字。有一次在學校圍牆邊，看到一個男孩子外套裡鑽出一隻鸚鵡，我驚喜地叫出品種，讓主人好生驚訝：「這種鸚鵡很罕見欸！妳竟然知道！」

呃……我當然知道，因為那一頁我已經看過好幾遍了，我連牠們的平均壽命都知道。

如果不管理智和現實條件，其實我最愛的是俗稱巴丹的鳳頭鸚鵡，大白鳥，頭頂一戳黃毛，鳥界知名的嗨咖，聽到音樂就會跟著搖頭晃腦，如果是〈江南 style〉這種嗨歌，牠還會字正腔圓地跟著唱副歌，順便又蹦又跳的，而巴丹也很聰明，我看過網路上有巴丹和主人頂嘴，兩個人……不，兩隻鳥……不，一人一鳥在雞同鴨講……不，是人同鸚鵡講，誰也不讓誰，主人大喊，巴丹就更大聲在主人耳邊喊回去。那主人是個胳膊很粗的美國硬漢，那巴丹是隻脖子沒有特別粗還敢跟人爭得臉紅脖子粗的小屁鳥，最後結局是主人受不了而投降了，一個大漢用好溫柔的語調，不甘願地問巴丹要不要合好，巴丹歪頭想一想，在主人臉頰邊蹭個兩下。

我在鳥街閒晃的時候還遇過一隻巴丹，在我經過牠身邊的時候，對我喊了聲「嗨」。我有不拒絕友善動物的壞習慣，牠跟我打招呼，我也「嗨」了回去，然後，我看著牠用亮晶晶的眼睛一直看著我，「你來啊！你來啊！你來啊！」地無聲召喚，再從身邊叼起一顆球，丟到地上後，歪著頭看我、看球、看我、看球……

「好啦！好啦！」我低頭，認分地把球撿回牠的身邊。牠大約是覺得「嗯……不錯，孺子可教也」或是覺得「Good girl ！乖人人」，所以叼著我的衣袖把我的手拉了過去，想要就這樣站上我的手……啊！我投降！這真是太聰明了！這就是我正找尋著的跟我有緣的鳥啊！

但是不行！住手！千萬不可以！我連養鳥的可能麻煩都設想到了（沒時間陪牠的話，牠會啄羽——沒問題，我時間多；鳥會亂拉屎，要洗很多衣服，是很多很多很多衣服——沒問題，我可以；鳥的飼料會掉得到處都是——沒問題，我的房間本來就很髒亂，不差這一點；不能只餵鳥吃便宜的蛋黃粟，滋養丸和零食很貴，看病會更貴——沒問題，我可以少吃一點）。花了那麼多時間資料整理，就是為了確保將來能人鳥愉快，怎麼可以在這時功虧一簣、害鳥害己？可是……我真的好想養這隻巴丹啊……那一刻，我真討厭自己的理智。

鳥的種類不同，個性也非常不同，儘管寵物界流行「以認養代替購買」的口號，但這口號在鳥界還真不一定適用。有些想要「以認養代替購買」的認養人，其心態也不一定健康，約略只是想把鳥當玩物而不是寵物，看有人要免費送就隨便索取，然而，鳥要養得健康之中有很多眉角功夫，但只是要把鳥養活，給水、給個籠子，再給個五十元一包的飼料就可以了。有次我幫家人送養一隻鳥，就遇到既不肯說出自家養鳥環境也不知道自己家到底養了幾隻什麼鳥的網友（我記得他的回覆是「有鸚鵡也有文鳥，大概七、八隻吧！」），所以我不肯也不敢贈送，他還怪我不信任他，嗯……我當然不敢相信他啊！

鳥類的差異非常大，鴕鳥和蜂鳥之間的差距絕對比藏獒和吉娃娃間的差距還大，因此，我覺得養鳥之前那段精挑細選的過程，比養其他寵物更接近愛情。我們約略知道自己的能力，約略知道自己的理想對象，我們在心裡也在月老前開出了諸多擇偶條件，然後，記得一定要睜大眼睛慢慢地選，因為沒時間的人不能陪伴非常需要關愛的灰鸚，有時候也得忍痛放棄緣分與最愛，畢竟小房間容不下巴丹這種大鳥。

有時候東挑西揀，不得不默認我們的理想目標可能只存在於偶像劇和 2D 世界，為了必要條件，只好刪除次要條件，容忍一些自己其實沒那麼不能忍受的小缺陷——比如我家畢畢，這笨鳥！大便鳥！有著邪惡眼睛的醜鳥！但沒關係，儘管不是最愛，但卻最能相容。相處久了，就是愛了。比如我家畢畢，又笨又醜又愛大便，還有一雙邪惡的眼睛。但沒關係，誰叫牠是我家畢畢！

是誰嫌牠醜？邪惡的眼睛又怎麼了？當牠瞳孔縮小，我就知道牠警戒了、感興趣了、準備咬人了，看看，這是一雙多麼誠實的眼睛！

這世上，只有我能說牠醜，誰說畢畢醜，我就說他更醜，他情人也醜，他一醜醜全家！哼！

只因為我養的是鳥

畢畢六個月大的時候，曾經送過急診。

那時牠還在喝奶粉——鳥也是有奶粉可以喝的，但不是牛奶或人類、貓、狗喝的那種，而是酵素或者綜合穀物粉——在狼吞虎嚥的情況下，牠硬是把一小塊注射管拽下，且更狼吞虎嚥而迅速地把它吞了。

因為一根直徑一公厘又有一公厘高的塑膠小圓管，我花了數千元緊急地將畢畢送醫。後來有些人聽說了，顯得很不以為然，覺得那麼小的東西，也不會塞住喉管，過陣子「應該」就能自動排洩出來了吧？數千元的醫藥費欸！何必如此大驚小怪……

（每次聽到這個說法，我都會想到一個不好笑的笑話——兔媽媽帶著小兔子跑進醫院：「醫生醫生，我孩子生病了，快幫我看看。」醫生看了小兔子一眼，跟兔媽媽建議：「妳把孩子帶回去吧！」兔媽媽急得快哭出來了：「沒救了嗎？」醫生說：「不是，只是妳看病的掛號費、醫藥費加一加至少要五、六百，現在外面買一隻兔子也才一、兩百塊，這樣不划算啦！」）

一隻塞內加爾雛鳥售價也不過三、五千，看個病就要花掉牠一半的身價——這種概念與衡量標準背後所彰顯的就是情感與金錢孰重的問題。

在台灣，大多數的鳥都太便宜了，因此有太多人抱持著買「寵

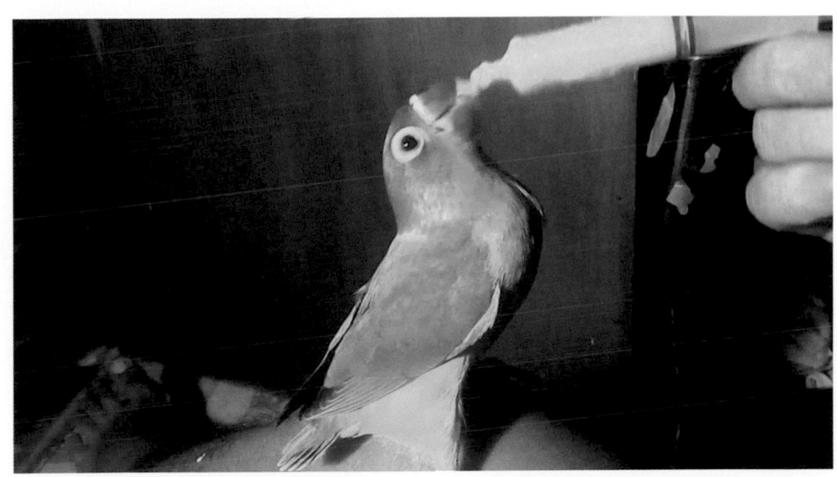

物」、甚至買「活玩具」的心態來養鳥。台中美術館附近有一家知名的餐廳，就在門口用大籠子養了一群的鳥，密度很高，人類看來或許覺得數大就是美，但對鳥來說一定非常擁擠不安——對了，我無法確切說明店家到底養了什麼，因為他們換鳥的頻率相當頻繁，上個月看可能是文鳥，下個月可能就是一群小鸚、虎皮或者玄鳳。

文鳥、小鸚、虎皮、玄鳳，都是相當便宜的鳥種，而不管哪種鳥，壽命至少都有七、八年以上，以兩、三個月一輪的頻率在汰換，我衷心希望那些鳥只是被老闆帶回家或帶去另一個地方養而已。

只是，我覺得自己這個希望成真的機率低得渺茫。剛養畢畢的那年過年，家人選擇在這家餐廳用餐——家人選的，如果是我，絕對不會選這家餐廳——那時寒流過境，小小的鳥籠裡養了密度過高的虎皮和幾隻玄鳳，每隻鳥都澎著毛在籠子裡發抖。晚上八點多，正常的鳥都睡了，但這群鳥還在刺眼的裝飾燈探照下醒著，讓一群顧客、路人圍著牠們吱吱喳喳地說著「好可愛喔！」、「你看！牠們好胖喔！」

孩子，牠們不是胖，只是牠們真的很冷、很冷、很冷，牠們沒有保暖燈和任何擋風的器具，才會澎著毛、擠在一起，忍受你們的吵鬧，希望還能活著看到明天太陽升起罷了。

店員說：「我們老闆很愛鳥，每次去鳥店，都會忍不住帶一、兩隻回來。」

如果好好養，每次都帶回一、兩隻，這裡的鳥口早就爆炸了吧？然而，之前那些可愛而被「忍不住帶回來」的鳥，到底哪裡去了呢？

我終於忍不住問店員：「外面有隻黃色虎皮，牠的狀況看起來很不健康，能不能帶牠去看病？最近有寒流，能幫牠們保暖和遮光，讓牠們好好睡覺嗎？」

店員聳聳肩，只補了一句「我會跟老闆反應」。

之後，我再次經過時，發現那些鳥已從虎皮和幾隻玄鳳換成了小鸚和幾隻虎皮。而餐廳的另一頭還養了幾隻高價鳥，牠們住在寬敞的籠子裡，是相對安靜的區域，汰換頻率相較之下，就非常、非常、非常低。

同樣的狀況，我在四川的五星級飯店也見過。店家養了幾隻畫眉，同時，非常聰明地養了幾隻會用畫眉鳥聲腔唱歌的八哥或九官，把牠們掛在不被打擾的高處，還養了幾隻可愛又便宜的牡丹，放在低處提供顧客觀賞／戳弄。有隻牡丹在一大清早就蓬鬆著羽毛蹲在籠底，牠的夥伴不時跳下籠子依偎在牠身邊，明眼人一看，就知道牠生病了。然而，病鳥還是得出來工作、忍受小孩的「戳戳」，牠沒有辦法請病假，也不能自己去看病……

我們對待弱勢的態度，常常是一致的，不管是對鳥，還是對基層的勞工。這些被過度剝削的鳥兒，又何嘗不是底層勞工所需面臨的處境？

所以我非常喜歡雪梨的鳥店，就算是澳洲本土種的虎皮，要價也都在台幣上千元以上，玄鳳價格更高達一千五、兩千。夠高的價格，就能逼迫人們不抱持「買來玩玩或死了就算了」的心態來對待生命，而這些鳥兒在雪梨寵物店的待遇也與待在台灣鳥店的情況完全不同——一、兩隻鳥待在一處明亮且不會被手賤屁孩戳到的空間，空間裡不僅有充足的水和種類豐富的食物，還有滿滿的玩具。

初次看到有人用這種方式對待活的「商品」，我簡直大為震撼，那真是非常強大的文化衝擊啊！

◎

當然，在台灣，鳥兒生病了，除了要面對身體的不適和賭飼主的良心外，不得不面對的還有就醫的困難。

我每搬到一個新地方，第一件事就是查詢附近的鳥醫院在哪、怎麼過去……不，甚至「附近有沒有鳥醫院」已成為找搬家的重要考量因素之一。

這對養狗和養貓的人來說，或許是很難想像的。台灣的寵物醫院不少，但能接受貓、狗（或許也包含鼠、兔）以外生物就診的醫院卻非常非常少。我剛養畢畢的那年，在我老家所處的城市，一個以農業聞名的都市，完全沒有鳥醫院。如果想帶鳥去看病，就得千里迢迢地開四十分鐘的車，才能到隔壁城裡去看醫生。如今，雖然縣城裡有了幾家鳥醫院，但我老家所在的城鎮，一個火車會停靠的南部大鎮，仍然完全沒有鳥醫院。

在這裡，愛鳥一旦生病，你只能選擇叫牠忍耐，或者賭賭看牠還能撐半小時，然後你得立即開車將牠送醫（如果沒車，那你就得賭你的鳥不管得了什麼急症、絕症，都能撐上一個半小時！），再不然，你去問鳥店。

每次聽到親友說：「鳥生病了，問鳥店。」我都覺得自己彷彿活在古代的鄉間小村落，人病得要死了，因為沒有醫生，只能上後

山去採草藥，只能問有類似經驗的鄰居說：「欸！你家大牛上次也肚子痛，牠是吃什麼好的？對了，我家阿狗還有吐血的情況，你覺得牠還要吃什麼？」

明明是繁華的二十一世紀，在我眼中看去卻是滿目荒涼。

養鳥者，在台灣真是弱勢中的弱勢啊！不只醫院少，連就醫的路也是千里迢迢、道阻且長。

鳥在台灣，是不能上大眾交通系統的。雖然號稱是害怕禽流感，但人類周遭充滿野雀、野鴿，政府不怕野雀、野鴿傳染疾病，卻害怕一輩子沒見過多少野鳥的家鳥會得禽流感。而養鳥族群在連屬網站提議廢除這個規定時，卻被許多人冷眼旁觀：「你們這群養鳥人不要浪費政府資源。」、「這到底干我什麼事？」

有時我會忍不住想著：如果我養的是狗、是貓，不是鳥，或許我就能解決很多困擾……

我還是可以在政府擔心狂犬病流行的時候，帶我家愛犬、愛貓出門踏青。因為政府一旦宣布禁止帶狗、帶貓上捷運站，馬上會有許多貓族人、狗族人搶在我之前跳出來抗議。

我不需要看霧峰有無良人士用弓箭射穿金剛鸚鵡的嘴巴，也不會看到有店家逼使鳥兒在吹著寒風的深夜裡賣命站岡，還要替牠痛、替牠憤恨不平，卻那樣無能為力；反正有更多愛狗、愛貓的人們，會像替大橘子、替繁殖場裡的貓狗討公道一樣地陪我站出來，集結眾人之力，逼兇手出來面對。

我可以放心的本位思考，把所有寵物等同於貓狗，上提案網站宣稱我要支持「寵物店只能販售收容所撿來的寵物」、「購買寵物就是邪惡的行為」。雖然，收容所撿不到鳥、烏龜、金魚好讓寵物店販賣；王蛇、金剛鸚鵡也不是想認領就能認領得到，但這也不干我的事，因為我飼養的是寵物界的大宗⋯⋯

然而，只因為我養的是鳥。

只因為我養的是鳥，在台灣就更能直視所謂的「弱勢」——因為過度預防與不理解所生的恐懼，你就會遭遇不公平的對待；而當你終於受不了了、嚎啕大哭了，卻要忍受某些人的嘲笑，他們會質問你：「憑什麼用你的問題來占據、浪費我們的時間？」

為了得到公平，甚至只是想要獲得生存的權利，你需要花更多的時間或者更多的金錢——別忘了，要在台灣養鳥，你的鳥要嘛不能生病，要嘛你得夠有錢，這樣才能有車、才能叫計程車、才能住在生活代價昂貴但附近有鳥醫院的大都市裡，因為，你的愛鳥是不能上大眾交通系統的。

當你不幸地被惡意傷害了——像那隻被用弓箭射穿嘴巴的金剛鸚鵡，像那三隻被飼主惡意打死的肉桂小太陽、像那些被塞進神像裡的柔弱文鳥（是的，在台灣，傷害鳥類的新聞比我們想像的多，而能激起共鳴的漣漪卻比想像的少），或者像那一籠又一籠中在寒風裡冷得發抖又不得安眠的小鳥們——你獲得的關注總是比別人少，沒有人會為你討公道，甚至還有人會因為你的無助而驚呼著「好可愛」。你孤立無援，周遭沒有援手，只能自己小心，然後把一切交給命運。

當畢畢吞下那根一公厘大小的小軟管，而我可以立刻騎兩分鐘的摩托車把牠送到鳥醫院時，我非常慶幸自己雖然身為弱勢的鳥類飼主，卻因為有努力工作（而且幸好不是努力卻得不到回報的血汗勞工），讓我能咬牙住在房租昂貴但醫療資源非常豐富的區域，讓我有餘裕能夠支付畢畢高昂的醫藥費。

至於後來畢畢從麻醉中醒來，柔弱無力地罩著呼吸器，接著，馬上驚覺「不對！」然後心想著「該不會是妳害我變成這樣子的吧？」，因此對扶著牠呼吸又捨棄自己好幾天生活費來讓牠看病的我痛咬了兩口，那就是另外一回事了。

姐養的不是寵物，是夥伴

其實我一直私心地覺得，鳥做為「寵物」的歷史，應該要比貓和狗還長。畢竟再怎麼說，那是鳥欸！是除了唱歌好聽、長得好看、有事派不上用場、閒著沒事可以逗著玩的鳥欸！相較於可以協助狩獵的狗、可以捕鼠的貓，以「有用的家畜」姿態融入人類生活圈，鳥可說是名副其實的「寵物」。牠們就像貴婦手中的晚宴包，裝飾功能遠大於實用性，偏偏還嬌貴得很，沒有一點愛和閒錢閒時間，還真不見得能養鳥。

我很愛在古文裡搜尋鳥的身影，尋求古代的養鳥同好。蒲松齡《聊齋誌異》裡有篇〈阿寶〉，說的是一個憨厚的傻孩子——用現代話語來說，就是個想越級打怪去追求正妹網紅的阿宅——阿寶，因為以人類的姿態把妹不成，乾脆化身為鸚鵡，去正妹家應徵當寵物，最後成功娶得正妹的故事。

動物「娶」人的故事在古代小說中並不少見，但通常是有帶條件的：神犬盤瓠娶公主的條件是咬下敵國大將的頭；《搜神記》中有篇講蠶之起源的神話〈女化蠶〉，靈馬愛上少女，必須幫少女把父親從戰場上載回家（馬下場還不太好，那個父親跟現代的父親一樣，痛恨一切覬覦他女兒的人物和動物，最後竟把馬剝皮了！）。而像阿寶這樣沒做什麼大事，只因為是隻可愛的鸚鵡就能得到正妹的許諾，順利娶得美人歸，真是人帥真好，不，是動物可愛真好。真是一萌天下無難事啊！

雖然不能確知阿寶化身的鸚鵡是什麼種類，但除非牠是外國進口鳥，不然很有可能是中國原產的月輪鸚鵡——中國名菜「紅嘴綠鸚哥」，說的或許就是這種鳥吧！但月輪鸚鵡儘管可愛，卻是知名的有個性，聽說親人度不怎麼好。有時候讀《紅樓夢》，看黛玉調弄鸚鵡、教鸚鵡說話，嬌滴滴閨房小兒女的情趣卻看得我心驚膽跳，好為黛玉害怕：住手！妳面對的是兇禽啊！不要把手伸過去！妳的手指會被咬下來啊！

如果想享受教會愛鳥說話的樂趣，八哥、九官那類鳥或許是中國古人更好的選擇。張岱寫過一篇散文〈寧了〉，據說是八哥一類的鳥。如果張岱沒有誇張的話，這隻寧了真是隻神鳥，牠是懂得自己在說什麼的！客人來了會喊「太太，看茶」，主人喊丫鬟，牠會當傳聲筒說著：「某丫頭，太太叫！」天亮了還會主動叫家中的新娘子起床，一旦新娘子賴床，寧了還會爆粗口，痛罵新娘子一頓。結果這可憐的孩子因為罵人太兇而被毒死了。唉！看樣子這新媳婦應該不是個愛鳥之人。被罵髒話算什麼，寧了聲音不尖銳，被子拉起來裝沒聽到就算了，哪像我媽媽養的混血小鸚金桔，牠最愛在凌晨五、六點時厲聲尖叫至少一分鐘以上，睡眼惺忪的我總覺得就算是地獄猛鬼爬到我枕邊開趴可能也沒這聲音如此讓人困擾，但沒辦法啊！你能拿小萌鳥怎麼辦呢？

我們能拿小萌鳥怎麼辦呢？我聽說某些鳥友的灰鸚會學主人喚女兒的聲音，把女兒喊過來又裝沒事；還有些鸚鵡會裝無辜討摸摸，等你手伸過去了，牠就開心地用力咬人一口，見血方休……但愛鳥人估計只會算了，頂多碎念幾聲：「真是的，這些賤鳥！」

張岱一家把寧了當聰明的寵物，就跟園中養的白鶴、孔雀一樣，只是寧了更受寵愛。但是，對我來說，我無法把我的愛鳥視為「寵物」，也無法把牠當「毛孩子」來養。

「物」就意味著牠跟項鍊、耳環、漂亮的小洋裝一樣，只是個可以讓我任意對待的東西，一切以我的意志為依歸；而「孩子」，則意味著我該讓牠、寵牠、管教牠，牠可以纏著我、黏著我、依賴我，但要聽我的話。「物」太疏離，而「孩子」太黏膩，不是什麼平等的詞彙。

雖然無法百分之百平等，但我寧願把畢畢當「牠」，一個地位和我約略相當的「夥伴」。當畢畢成年後，牠就是個獨立成熟的個體，只不過和我使用不同的模式活在同一個世界上。牠可以叫我過

去陪牠玩，但我也可以沒空；我可以隨便牠在房間裡到處移動——只要不危害牠自己的生命和破壞我的東西——我倒也不強求牠一定要飛到我手上、和我互動。畢畢既然活在人類的世界裡，好歹就要了解一下人類的生活模式；同樣的，如果畢畢咬傷我，我也會努力學習用鳥的語言和行動來告訴牠：「你不可以傷害我！」

與其寵著「毛孩子」，我更沉溺於這種盡可能尊重彼此、雖緊密相依卻互不干擾的「夥伴」模式。很多個下午，畢畢的籠門開著，但牠不想出來，只是站在牠最愛的棲木上發呆；而我收拾好空間裡一切對牠有危害的東西，然後放心地背對著牠念書、寫論文，用眼角餘光從鏡子監視牠的安全。偶爾，我會回頭看一下牠在做什麼。而畢畢或許剛好抬頭看到我，嗯，很好，確認一下我們彼此都安在，就又各自回到自己的小世界；再偶爾，牠會叫個兩聲，而我也回應個兩聲，然後又是沉靜如水、醇厚如琥珀酒的午後時光。

那牠們是怎麼看待我的呢？我很多的鳥夥伴，似乎都會把我也當成鳥，尤其文鳥小 white 和阿鶺，只要待在我肩上，沒一會就會叼著我的頭髮，一根根地從頭梳理到尾。我深切懷疑牠們心中一定覺得我很笨：「我朋友是隻蠢鳥，很大隻又不會飛，毛永遠不服貼，她似乎不知道怎麼理毛，也不知道那些毛到底乾不乾淨，但是……唉，沒辦法啊！誰叫我們是朋友呢……」

據說塞內是一種很認主人的鳥，而且非常愛恨分明，朝著牠伸手，要嘛給摸要嘛就咬，一定會立刻做出反應。為了避免我旅遊遠行或者哪天真的永遠地「遠行」，我希望被留下來的畢畢能和其他照顧者和平共處，所以從畢畢小的時候，我就讓牠認識各式各樣的人，讓牠習慣與每個不同的人接觸。

畢畢可以上所有人的手，可以讓大多數的人摸頭，而身為畢畢好朋友的我還是能得到一些不同的待遇：只有我敢摸牠的下巴，只有我可以碰牠的翅膀，只有我可以把整個臉頰靠在牠的身旁，只有我可以跟牠用同樣的高度看同樣的方向而不會被牠痛咬一番。我可以跨過那條隱形的線，走入畢畢劃好的安全距離圈內，因為，牠認為也知道我是無害的夥伴——能得到膽小物種的無害認定，讓我覺得非常榮幸驕傲。

我不會擬人化地過度美化人與鳥之間的感情，也不會盡可能地去減少人鳥在情感、認知、行為模式之間的差距。我相信動物學家所說的，當你把動物過度擬人化，毫無依據地認為牠們會想念、思

考、鬧脾氣，其實這是在泯滅牠們身為「非人」生物的自身特質，彰顯人類才是最高主宰的意識，甚至認為所有生物都可能且可以「和人一樣」。

然而，不可否認地，人跟其他生物間的確有共通的情感，尤其腦神經元比靈長類還多的某些鳥類，牠們可以學會一些很抽象的人類概念，努力地用人類能理解的方式和人類溝通（相反的，人類似乎不太能準確使用鳥語來和鳥對談）。據信是世界上最聰明的鳥類灰鸚 Alex ——牠有七歲人類小孩的智商，而且牠比七歲小孩厲害，因為牠會說鳥語還會飛——能夠準確計算出一盤充滿各種顏色的雜物中「綠色的鑰匙有幾把」（一直問牠同樣的問題，到後來牠會很厭世的答非所問，告訴你「橘色的瓶蓋有七個！」——雖然這同樣也是正確答案）。牠還能理解人類字彙的意思，進而組織詞句來傳遞情感：Alex 死前的最後一句話，是跟牠的人類朋友說：「明天見，你保重，我愛你。」

我不覺得這是單純的學舌，我也不覺得 Alex 是寵物或是毛孩子，牠就是一個「鳥類朋友」。

我不會盲目地相信畢畢具有人性（雖然有人性也不是什麼了不起的指標），不會認為牠會或不會記恨，不會認為牠會或不會想我，但是我又不得不相信牠可以區分我和別人的不同，可以區分我只是例行性地出門上課，還是真的很久沒跟牠見面。

有時，我出遠門回來，久未碰面的畢畢會發出平時不常發出的叫聲，類似低聲碎念，然後一直碎念，一直瘋狂地碎念，而我也會很興奮地喊著「笨蛋笨蛋！我回來了，畢畢，笨蛋，愛你，你看你看你看……」我們兩個一搭一唱，好像真的在對話一樣。

幫我照顧鳥的爸爸問：「妳聽得懂牠在說什麼嗎？」

「聽不懂！」就像畢畢應該也聽不懂我在說什麼一樣。

但是就某部分來說，我覺得我們都懂了。

Dear My Hamster

蘇 帆/

蘇帆，高雄人，現居台北。

發過傳單、賣過麵包、教過書。

喜歡倉鼠，以及任何毛茸茸、圓滾滾的動物。

鼠之手記——初生的雲之想像

我有一隻名叫女兒的倉鼠，最初是從朋友那兒帶回來的。

一月的台北寒流潮湧，女兒出生不過一個月，一窩毛色銀灰的同胞手足擠在一塊兒，頭挨著頭，趴伏在彼此身上，保溫燈的光線溫暖而讓人暈眩，初生小獸安靜沉睡，只比未剝殼的花生還大不了多少，光是看著，就給人一種溫柔卻又牽絆心疼的感覺，讓人聯想到雲。

我在籠子前盤桓許久，朋友便說：「妳帶一隻回去吧！我相信妳會好好養的，不然終究還是要送人。」

接著說起始作俑者，也就是她的兩隻倉鼠，公的叫亞當，母的叫肋骨——究竟為什麼要給倉鼠取《聖經》裡生命之祖的名字呢——原來是分籠而居，互不相知的。有天她正伏案打字，筆電後緩緩探出一顆毛茸茸的小腦袋，那雙眼睛又圓又亮，嘴邊還叼著一顆乾玉米，一人一鼠對望了幾秒，直至倉鼠作轉身欲奔逃狀，她才回過神，連忙將那隻越獄逃家的亞當抓了起來。

亞當毫不抵抗，溫順地進了籠子，依然吃好睡好，每天洗洗身子擦擦臉，偶爾跑跑滾輪，將日子過得波瀾不興，一派平靜。

倒是住在隔壁的肋骨，食量突然大上不少，連從前不屑一顧的燕麥也吃得津津有味，不是待在小食盆裡，就是攀著籠子向主人討要食物，脾氣變得越來越暴躁，一點兒小聲音都讓牠如臨大敵。

有一天，她看見肋骨坐著吃瓜子的背影如一顆圓潤的西洋梨，想起牠近日行動漸趨笨重的樣子，才赫然意識到，原來這個小傢伙是有身孕了啊！不久之後，肋骨臨盆，生下五隻蠕動不休的小倉鼠。

「經過了這件事，我才明白，原來〈創世紀〉說的都是真的。」朋友一臉神聖，吐出的句子有如神諭——亞當果然會去尋找牠的肋骨。

「然後生出一堆小倉鼠。」我接話。

「沒錯。」朋友點頭。

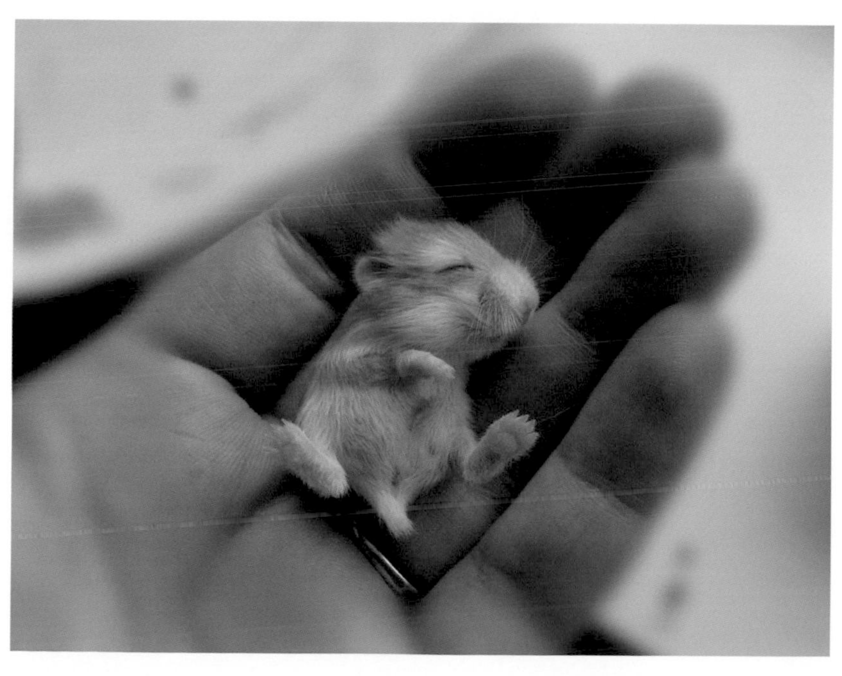

後來，亞當與肋骨的孩子之一，就跟著我回家了。

那是一隻毛色淺灰帶銀的小倉鼠，眼睛極大，既黑且亮，一身柔軟的灰毛到了雙頰，轉為蓬鬆如雲的白毛，映著鼻子那點小巧的粉紅，讓人想起裹有香草奶油一類的日式甜點。雖然是亞當偷香竊玉而來的結果，那雙眼睛卻著實無辜，全身充滿了一種怯生生小女孩的氣質，像一朵柔軟的雲。

本來打算給牠取個好名字，不料連著幾天都沒什麼靈感，便先暫時「女兒」、「女兒」地叫著，想不到才叫了一個星期，一聽見我喊「女兒」，牠便會興沖沖飛奔而來，就著我的手將飼料吃個精光。到了這個地步，名字是也不必想了，幸好牠那一身秀氣柔軟的模樣，跟那一聲女兒倒也相襯。

相處一陣子才發覺，女兒其實有點怕生，個性敏感而謹慎，但熱絡以後極愛黏人，撒嬌得很。

牠的小窩是個藍恐龍形狀的陶瓷小屋，裡頭時常鋪滿牠叼來作窩的紙巾，看起來舒適且溫暖。除非我呼喚，否則牠出門前，必先探出鼻頭輕輕抖動，兩隻大眼左顧右盼，再緩慢伸出前腳，確認外頭一切安全後，小小的身軀才迅速地跳出來。這番姿態像極了少女細長的針筆繪畫，膽小纖細卻又毫不遲疑。

女兒總愛趴伏在我的手上，讓我撫摸著牠毛絨絨的背，一臉惺忪慵懶的神氣，不知不覺就睡著了。有時則會躲在衣前的口袋，喀啦喀啦地獨享囊頰裡精挑細選的糧食，然後在拉開袋口時，又一溜煙地往我手裡鑽，對底下成堆的食物也毫不戀棧。

有時撫摸著牠，不免也會自言自語：「你有煩惱嗎？對你而言，什麼事會讓你真正感到擔憂呢？你明白擔憂的意思嗎？」

當然沒有回答。女兒亮晶晶的大眼澄澈無比，細鬚輕撫我的手指，才吃完了爆米花，又從囊頰擠出紅蘿蔔乾，細細地咬著。

偶爾將牠放出籠子，在安全的房內自由活動，牠總是習慣躲在茶几底下，貼著那兒的地板，雙眼半瞇，每次都能很快睡著。有天打掃時移開茶几，好奇探了探，觸手之處居然有些溫熱，想必是某種房屋管線的必經之處吧！難怪在潮濕的冬天裡，女兒也願意舒舒服服的趴伏在那兒，對牠來說，那塊神秘的溫暖地帶，大概就跟日本榻榻米上的暖桌差不多吧！

當夏天來臨的時候，女兒也捨棄了牠的暖桌，重新在房裡遷徙，尋找炎熱夏日裡的避暑之處。這次看上的是落地窗旁的一處角

落，那兒正好有窗簾垂下，輕輕地遮去日頭，趴臥其上既滑且涼爽，若是開了冷氣，女兒就會作冰淇淋麻糬融化狀，圓滾滾的身軀化作軟軟一片貼在大理石地板上，遠遠看去，常會以為是雲朵掉在了地上。

有次見牠蜷成圓球，背對室內，彷彿正盯著陽台矮牆上雀鳥歡欣的啁啾，便忍不住繞去看牠的臉。

只見女兒以屁股著地，睜著大大的雙眼，雙手卻併攏成禱告狀，看似專注地望向窗外的世界，那畫面充滿逗趣的禪意，遂使我很理所當然地想起那樣的詩句——「我還要為你記得天空裡／所有的飛鳥。記住牠們的名字／指認牠們是一座一座／各自翱翔的島」。

女兒當然不是飛鳥，也不認得天空的模樣，可我總覺得牠彷彿能輕易地跳上柔軟的雲，或者牠其實就是雲朵本身，在每個趴伏坐臥，進食發呆的時刻裡，自由地到每個翱翔的島上去。

每當我這樣想，再看著女兒小小的背影，心裡便感覺溫柔無比。

鼠之手記——角落的盛世

那年夏天，剛結束一段漫長而疲累的戀情，離家遙遠的燠熱城市裡，暑氣蒸騰，我的倉鼠趴伏在房間角落，一處被窗簾遮蔽的陰涼所在，涼爽光滑的大理石板上，灰白蓬鬆的絨毛隨呼吸上下起伏，電風扇在房裡轉動，好清涼。

我輕輕叫了一聲：「女兒。」空盪盪的房裡沒有人聽到，聲音飄在空中，碰到牆壁便碎了一地。女兒卻聽見了，小小身軀爬到我的腳掌上，還想更努力地往上攀。

我在落地窗前坐下，將牠撈到手心，小聲地問：「我們回家，好不好？」

女兒突然抬起頭，長長的鬍子在空氣中抖動，仍是一臉惺忪疲懶的神氣。輕輕將牠放回籠裡，我開始著手收拾行李。

◎

台南家中還有一鼠，是身形略大的黃金鼠，叫做麥帥。

母親極寵麥帥，除了各式飼料穀物，每日還有源源不絕的新鮮蔬菜水果供牠享用。麥帥與女兒的年紀其實差不多，細長的體型卻是女兒的好幾倍，個性溫馴而親人，就是有些好動，十分不甘寂寞。

既帶了女兒回家，自然要先安撫牠一路緊張、躁動不安的情緒。我找母親要了櫻桃，女兒嗅了嗅，不知怎地很有戒心的樣子。

我與母親思考了一陣子，都覺得可能是這個空間裡，原有麥帥的氣味讓牠緊張吧？於是決議將牠挪到樓上房間的木櫃上，斜對著通風的小陽台，幾株盆栽盈盈可愛，陽台上偶有雀鳥飛來啄食母親餵撒的穀子。

既決定了移居地點，便可以整理牠的籠子了。

於是換新鼠砂，添新飼料，舊的飲用水倒去後又裝了新的，鋪巢的紙巾撕得既細且長，趁著女兒重新探索小窩時，又塞了幾顆爆米花給牠。

倉鼠嗅覺靈敏，在牠繞了籠子一圈，發覺自己的籠子仍然一如往昔，所有家私都是舊時用慣的之後，總算放鬆了精神，又恢復到原來貪吃的樣子，把那顆新鮮櫻桃吃了精光。

將行李拖回房間，靠著窗戶，迎著台南乾燥的夜風，將東西一件一件取出。這次回家回得倉促，許多隨身物品也是東丟西落，沒帶上也就算了。倒是女兒的一應用品，外出籠、飼料數包、各類小零嘴、鼠砂等，帶著滿滿的，加上抱著愛吃愛睡的主角本人，一路精神疲憊。

女兒很快就鑽回小窩睡了，我低頭探看，仍是那番四仰八叉的睡姿。牠慣常將右手舉至臉旁，左手縮在胸前，兩隻腳丫張得極開，柔軟的肚腹正規律地一上一下。世間一派太平，倉鼠睡得正熟。

女兒很快就適應了台南的生活（其實也沒什麼好不適應的），這是母親第一次見牠，見面禮自然是不可少的。一日數餐也就罷

了，偏偏都是些水煮蛋白、西北櫻桃、溫室蘋果、新鮮藍莓、嫩豆腐之類的倉鼠界少見的高檔美食，這讓原本就十分挑食的女兒，益發講究起食物的滋味了。

夏日的陽光像雪，時間一不小心就被過得很慢，很長，有時我也去看母親養的麥帥，在大尺寸的特製滾輪裡歡快地跑著，彷彿不知疲憊。但更多的時間還是待在房內，和我的女兒一起。

有時我會將床底與縫隙塞住，讓女兒在房裡散步，自己則窩在和室桌前看書或用電腦。好幾次女兒都會爬上我的小腿，沿著褲管一路爬到口袋，然後再鑽進去，只露出一顆頭，仔細一看，那臉上居然是舒服喟嘆的貪懶神情。

那樣的神情，我也在麥帥臉上見過。與女兒的作息截然不同，麥帥堅決地遵守著「倉鼠是夜行性生物」的守則，每天晚上十點必定準時醒來，精神抖擻地掛在籠子上，等著母親開門放牠出去。

自從麥帥來了以後，母親的上床時間從十一點變成凌晨兩點。我親眼看過那荒謬得可愛的場面：一人一鼠居然像遛狗一樣，玩起了你丟我撿的遊戲。母親丟出一團小小的絨布，麥帥便會急匆匆追去，再迅速叼回，然後母親再丟，麥帥再追⋯⋯

每次活動結束，麥帥回到籠子的表情，便是那雙眼半瞇，一副心滿意足的樣子。

由於這人鼠互動實在太過於超現實了，我有好一陣子不敢跟朋友提起，只覺得像在撒謊，又像異想天開。為了說服自己這一切都是真實的，只好關起房門，神秘兮兮地抓出女兒來嘗試一番。

「女兒，去叼回來。」我努努嘴，丟出一顆葵花子。

女兒雙足站立，一臉茫然。

「這次可是爆米花噢！」我鍥而不捨，「快去呀！」

女兒開始理毛。

「櫻桃呢？你最喜歡櫻桃了對吧？」我循循善誘。

毛似乎理完了，女兒開始洗臉。

很快地，我們就放棄了練習，我還有點兒自暴自棄地把女兒扔進裝滿蔬菜乾的飼料桶。女兒一頭鑽進食物裡，只剩一個圓滾滾的小屁股在上頭晃動著，牠東塞西揀，囊頰裝得滿滿的，直到塞無可塞，才不甘不願地爬了出來，大有荒年之後又豐年，立志吃遍天下糧倉的氣概。

◎

於是整個夏天就這樣慢慢地過了，日頭仍那樣綿長，那些渺小而不重要的瑣事一閃即逝。再度收拾行李，慎重打包一切物品，將女兒裝進外出籠，等待明天出發。

然後回到燠熱而潮濕的台北，空氣中可能不再有太多食物的氣味，那些富含水分的食物在這裡注定是要發霉出水的。不知道女兒會不會記得，牠曾經待在一個地方，那裡的空氣乾燥，風吹時就能聞到櫻桃與藍莓濕潤的香氣，窗外有光，嫩綠的盆栽有著青草般的氣息。

我想牠應該不會記得的，但仍然可以四仰八叉地睡著，彷彿一切的記憶都與牠無關，空間也是。

無論在哪個城市，只要在倉鼠自個兒的小角落裡，對牠來說，也許永遠都是豐美靜好的太平盛世吧！

鼠之手記——最重要的小事

約莫在女兒三個月時，帶著牠去看獸醫，進行定期的健康檢查。

醫生要我將正在囤積糧食的女兒抓出來，皺著眉頭這裡聽聽，那裡看看，然後一臉嚴肅地宣布：「牠是公的。」

或許是我的表情看起來太過震驚，太過悲戚，醫生只好柔聲安慰道：「雖然性別變了，還是可以用一樣的名字啊！」頓了頓，又低頭對著什麼也不知道的倉鼠說：「你是男生，但你的名字還是女兒喔！」那語氣像極了誘拐小孩的壞人，還是手法拙劣的那種。

回到家中，看女兒仍在窩裡歡快地咬著葵花子，我決意好好與牠溝通一番，遂搶走牠眼前的食物，正色道：「從今往後，你的名字依然是女兒，但性別就是偽娘了，同意嗎？不同意就拒絕我的葵花子。」女兒看著我手中的瓜子，目不轉瞬，伸手作直立跳躍之狀。

我將瓜子遞去，牠一搶而過，頭也不抬，奮力剝著瓜子殼，神情萬分專注，彷彿那是天地間最緊要之事。

果然啊！我在心中喟嘆，雄鼠腳撲朔，雌鼠眼迷離，兩鼠傍籠食，安能辨我是雄雌。然後再遞上一顆爆米花，女兒依舊歡歡喜喜地接過。

從此之後，女兒便成了兒子，可女兒又還是女兒。

當然了，身為一隻倉鼠，無論性別，非關名姓，必定會有一些

對牠而言很重要的小事。

譬如，吃。

雖然長相秀氣溫柔，頗能招人誤會，女兒吃東西的模樣卻一點兒也不秀氣，更精確地說，是有股江湖狠勁兒在。

牠厭惡營養充足的磨牙飼料、色澤飽滿的玉米、香味清甜的各色穀類，這些食物只要遞到面前，牠必會用鼻頭頂開，若我再步步進逼，牠便伸出毛茸茸的小手，堅決推開那些不受牠大小姐（或者該說是大少爺？）青睞的食物，姿態頑強，意志堅定，絕不輕易妥協。

但對於喜歡的，那又是另一個樣子了。

女兒第一個喜歡的食物，是冬季盛產的高麗菜。洗淨的新鮮菜葉既脆且嫩，牠一次總能吃完一大片。中途若伸手去搶，女兒必會勃然大怒，用盡全身力氣狠狠咬住高麗菜，絕不鬆口。

有次用一大片高麗菜將牠包裹起來，牠樂翻了，在菜葉裡面東咬西啃，遠遠只看見一個小巧的粉紅鼻子在孔隙中上上下下地移動，偶爾探出頭，抖動細細白白的小鬍子，復又鑽回高麗菜裡忙碌去了。

待吃膩了高麗菜，女兒將愛轉移到了爆米花上。市售的倉鼠爆米花大多是玉米做的，倒與人吃的差不多，只是為了小動物的健康著想，並無調味，主打的就是天然健康。

大概是從前的飼料裡已有玉米之故，女兒對玉米爆米花興趣缺缺，偶爾塞一顆給牠，也是一臉嫌棄作嘔樣，十分挑剔。可卻獨獨鍾情於高粱爆米花，每每我打開罐子，牠便萬分激動，踩著我的手掌奮力向上爬，好幾次險些兒將爆米花罐子打翻了。

我常一手阻止牠粗魯的動作，一手迅速從罐子倒出幾顆爆米花，女兒一嗅到爆米花的香味，張嘴便搶，手口並用，將爆米花啃得風生水起，喀喀作響，那聲音聽來既兇且狠，渾然不像一隻嬌小倉鼠所能發出來的聲響，大有江湖草莽狂放豪飲的氣魄。

高粱爆米花究竟有多美味呢？好奇之餘，我也吃了幾顆，只是那股撲鼻清香到了嘴裡卻沉默了起來，嚼了幾嚼，覺得著實索然無味，吃不出有什麼特別之處。倒是手中的女兒直著身子，小小的雙手垂在胸前，彷彿無法理解這位人類為何要與牠爭奪食物，大眼一瞬不轉地直盯著我。

「妳想知道我的感想嗎？」我吞下最後一顆爆米花，看牠那雙小耳朵靈巧地豎立著，悠悠地說：「一點味道也沒有，難吃死了。」

如果女兒會說話，此時一定會激動地大聲反駁，捍衛高粱爆米花的尊嚴吧！

可惜牠並不會，那兩隻毛絨絨如穿了襪子的白色小手忽地圈住我的食指，依舊是一臉天真無辜的神氣。

當然，這種天真無辜的表情，大多數人都是相當買帳的。我那溫柔的室友便是其一。

室友愛下廚，每日都做了便當帶去公司，家中冰箱隨時備有各式蛋肉蔬果。每次買了新的食材回來，室友必先精心挑選一小塊清脆的菜葉，洗淨擦乾之後，方送到女兒面前。

早在她清洗蔬菜時，女兒早已在籠裡興奮地跳上跳下，大有即將破籠而出的氣勢，大概這些蔬菜的氣味對倉鼠來說，實在非常濃烈且充滿吸引力吧！

後來我們發覺，女兒喜歡口感爽脆的食物，好比舊愛高麗菜、

鮮脆多汁的黃豆芽、清甜又富含水分的水蓮菜。面對這些新鮮菜類，牠絕不會一股腦兒塞進囊頰當隔夜便當，而是一口一口慢慢地吃，吃完了還意猶未盡地聞聞小手，洗洗嘴巴，再探頭探腦討要下一塊。

看倉鼠進食，其實是非常療癒的。那種把每一口食物都當做生命中最後一餐的嚴肅模樣，既逗趣，又實在認真得可愛。女兒雖然東挑西揀，總還能找出自己最喜愛的那顆爆米花，然後三口作兩口地快速吃光。

這樣看著，便覺得世間其實也沒什麼好計較的大事，雖然在各種性質相異、模稜有狀的選擇之中，要把握專一並不容易，可倉鼠並不知道，就算知道了也不在乎。

牠們或許只是明白，這個世界裡有太多龐大複雜而難以把握的東西，只有握在手中的，才是最真實而值得數算的，而那些，恰好就是牠的生命裡，最重要的小事吧！

鼠之手記——滾鼠滾球不生苔

女兒是個天性不愛動的孩子，能躺著絕不趴著，能趴著絕不坐著，對廣受各方倉鼠喜愛的滾輪興致缺缺。

自打第一次見到滾輪，女兒就沒把它放在心上，於是那粉白相間，色澤如果凍般粉嫩透明的壓克力滾輪，只好成為籠子角落的一個擺飾。偶爾女兒心血來潮時，或許會蜷曲在上頭吃牠的高麗菜，但在絕大部分的時間裡，那滾輪都像苦等不到皇帝的宮嬪，是女兒金碧輝煌的宮殿裡，唯一鼠跡罕至之地。

帝王少幸後宮，大概是天下萬民之大幸；倉鼠不跑滾輪，卻注定要發生一些可怕的小事。

某次健康檢查，醫生看著小磅秤螢幕上顯示的數字，幽幽嘆道：「太重了。」戳了戳女兒塞滿食物的雙頰，還偷摸了那肥美的腰內肉，「得減肥了，不然老了不健康。」

「牠不太喜歡跑滾輪……」作為母親的我，連忙為孩子辯解。

醫生哼哼兩聲，一臉鄙夷，「那不是藉口，妳得讓牠少吃多動，否則牠將成為倉鼠界的貴乃花。」話是這麼說，卻順手咕嘰了女兒白嫩嫩的肚子一把。

回家路上順手 google 了貴乃花，再看看仍拼命嗑著小魚乾的女兒渾圓的背影，突然就有點悲從中來。

「乃花。」我說，「人為刀俎，你為鼠肉。為了避免成為倉鼠界的肥宅，我們還是開始運動吧！你覺得怎麼樣呢？」

也許是我的語氣著實沉重，乃花本人，噢不，女兒本人抬了頭，停下了進食的動作。

「乃花，快放下小魚乾。」我沉痛道。

女兒一口將魚乾塞進囊頰。

◎

晚餐時，我在餐桌上鄭重宣布了女兒的減肥計畫。

室友歡聲雷動。

「終於可以看牠跑滾輪跑滾輪跑滾輪跑滾輪跑滾輪！」室友一號歡呼。

「牠總算可以變成專業的倉鼠了！」室友二號鼓掌叫好，「快讓牠跑快讓牠跑快讓牠跑快讓牠跑快讓牠跑！」

眾人遂將女兒放上滾輪，只見牠一臉茫然，左顧右盼，長長的細鬚不斷抖動，可就是不跑。

室友一號輕輕推了滾輪，女兒圓圓的身軀跟著滾輪來回擺盪，臉上依然是那副茫然不知所措的神情。

「我來我來我來我來我來我來我來。」室友二號激動地捲起袖子，探指一轉，女兒卻嚇得跳下滾輪，竄回小窩去了。

眾人一片靜默，只聽到小窩裡再度傳來喀啦喀啦的聲響，不知道是葵花子還是爆米花。而女兒胖胖的屁股溢出洞口，一截白絨絨

的小圓尾巴正隨著咀嚼的頻率，輕快抖動著。

「也許乃花根本就不喜歡滾輪。」室友一號下了結論。

「也許在乃花的世界，一切以肥為美。」室友二號打蛇隨棍上。

「……你們不要再叫牠乃花了啦！」我悲痛無比。

◎

隔日，我在寵物用品店選購了一個鼠球。

那是一個透明的壓克力球體，可藉由卡榫，從中分開成兩個半圓。球體表面設有數個小孔，可供倉鼠呼吸。只要將倉鼠放入，再把半圓組合為球體，就能強迫倉鼠運動，在室內踩著鼠球前進。遠

遠望去，就是一隻倉鼠在小球裡跑著，而小球在地板上滾來滾去。

室友一號毫無保留地稱讚這項玩具的發明，「太聰明了，這玩意簡直該得諾貝爾獎！」

「讓牠滾讓牠滾讓牠滾讓牠滾讓牠滾讓牠滾讓牠滾讓牠滾。」室友二號依舊很激動。

為了避免重蹈昨日的覆轍，我們決定先以爆米花引誘女兒進入鼠球，趁牠低頭專心進食時，合上球體，輕輕放在地板上。

爆米花很快就吃完了，女兒抬頭，發現自己被困在一個不明物體內，似乎有些驚慌。牠站起身來，伸長雙手想去探探前方，不料才一前進，鼠球就跟著滾動，只得放下小手，四足著地，跟著球體移動的方向跑了起來。

「牠跑了！牠跑了！牠跑了！牠跑了！牠跑了！」室友二號興奮地跟在鼠球後頭跑，好像自己才是倉鼠。

鼠球東滾西滾，姿態輕盈，行動快捷，所經之處屏障都被一一挪開，客廳突然變得前所未有的空曠。

女兒跑了好一會兒，似乎才意識到發生了什麼事，滾著鼠球來到放置牠籠子的櫃子下方，依依徘徊，戀戀不捨，意甚哀婉。

然而醫生有令不能不從，只好讓女兒在鼠球裡多待一陣子，好燃燒那一身由葵花子與爆米花累積起來的熱量。

於是，當晚眾人歡騰，只有鼠不開心。

◎

此後，滾鼠球成為女兒生活中一等一的大事，每週一、三、五、日是鼠球日，二、四、六則是休息時間。我猜女兒大概非常痛恨星期日與星期一，因為那意味著牠得連跑兩天，相當血汗。

滾鼠球雖然於健康有益，但球內畢竟比不上外頭通風舒適，加上可能的進食與排泄需求，時間卻不宜過長，最好控制在二十分鐘以內。室友精打細算，每週單日晚上先讓女兒跑個二十分鐘，回籠子休整半小時後，再出來跑個十五分鐘，行程扎實得很。

時日一長，女兒居然也漸漸習慣了，還學會了偷懶。有時趁大家不注意時，將鼠球滾到沙發下，停在沙發與地板接口處，開心地啃起囊頰裡的糧食。室友一號連球帶鼠放回客廳中央，才剛鬆手，女兒又一溜煙地往沙發那兒滾去。

雖說十分鐘曬網，二十五分鐘捕魚，實在稱不上多麼努力，但這樣的成果已經足以令醫生刮目相看了。

「噢？體重降了一點，精神看著不錯。」醫生一如往常地上下其手。

「因為牠很拼命、很拼命地運動啊！」我超得意，只差臉上沒寫著「拜託快來稱讚我們」的字樣。

「不要那麼驕傲，」醫生冷笑，「妳家乃花還是過重欸！」

「我家乃花……欸～不對！」我說到一半差點咬到舌頭，「我家女兒已經很努力了，醫生你要以鼓勵代替責備啊！」

醫生揉了揉我家女兒的肥肚肚，嘴上卻不留情：「去買個小動物專用的體重計回家監控體重，下次沒到標準不要來見我。」

於是回程路上，買了一個小體重秤，想起女兒這段時間的辛勞，忍不住又多拿了兩包小零嘴與果乾，打算好好給牠犒賞一番。

女兒依然過得開心且自在，小魚乾、爆米花、葵花子來者不拒，滾起鼠球也不像最初那般驚惶失措，有時還會拐個彎，繞進室友的房間裡，然後掏出囊頰裡的食物慢慢兒地吃。

至於滾輪，我們早早就放棄了，倒是女兒突然學會了在閒暇時分，趴在滾輪正下方休息，像一片毛絨絨卻又富有延展性的壽司料，卡在滾輪下緣與籠底之間的縫隙，睜著一雙烏黑大眼，也不知在想些什麼。

「牠到底都在想什麼呢？」室友一號好奇地問。

「思考自己鼠生的意義吧！」室友二號認真地回答。

反正絕對不是期待滾鼠球的時間就是了。

鼠之手記——倉鼠人生

曾在雜誌上看過一篇名為〈倉鼠人生〉的文章，作者以跑滾輪的倉鼠比喻被工作、人際、房貸等壓力追著跑的生活，日復一日，孜孜矻矻，文章末了還不忘反問讀者:「你也正在過倉鼠人生嗎？」

拜昂貴的房價所賜，我還沒機會過上倉鼠人生，倒是與我同居的女兒，每天過著的都是名符其實的倉鼠人生。

倉鼠是獨居動物，領域意識甚強，若是合籠而居，同性之間可能彼此爭鬥至濺血，異性則會生下一窩鼠子鼠孫。因此，倉鼠自然沒所謂社交活動，也就沒有人際上的困擾。至於房子，女兒的籠子既寬且廣，內建挑高樓中樓，一樓設有陶瓷恐龍狀小窩一個、木頭房屋小窩一個，二樓則有一個與樓中樓一體成形的飛碟小屋，這樣倒也算得上三房一衛一滾輪的倉鼠界豪宅了。

女兒每日的生活十分愜意，白日睡覺，偶爾洗洗臉、吃點東西，黃昏時分精神抖擻地醒來，先享受通體舒暢的沙浴，再奮力進食，或掛在籠邊討要食物，然後出門放風，跑跑鼠球，再鑽進我的手掌討摸摸。

室友不只一次嘆道：「牠的日子過得真舒服啊！」

我深以為然。

倉鼠既不像狗，對於與同類玩耍沒有興趣；也不像貓那樣敏銳多疑，對什麼事物都有一探究竟的好奇心。女兒的日子就是日復一日地吃吃睡睡，除了挑食，沒什麼煩惱，過得雖單調卻自在。

前陣子日本網路上十分風行小動物們的「家中散步」，就是將客廳或房間整理乾淨，讓不適合出門散步的小動物也能在安全的空間裡好好地散步跑跳。這些居家小動物包含兔子、蜜袋鼯、松鼠、刺蝟，當然還有倉鼠。

女兒算是慣常在家中散步的了，為了牠，房裡的家具縫隙與死角，都已經塞得十分妥當，甚至還添購了柔軟的小毛毯，質料棉柔卻不勾腳，讓牠在冬天也不必害怕冷冰冰的磁磚地板。

室友為牠準備了一個迷宮紙箱，裡面全是彎彎曲曲的紙板製成的道路，有小橋，有涼亭，甚至還有風情十足的月洞，要是再加上水與樹木，活脫脫是縮小版的蘇州園林。

女兒愛極了這個紙箱，尤其喜歡在涼亭與紙牆之中徘徊，只可惜牠從不願好好地走正道，偏愛翻高踩低，一會兒從橋下鑽過，一會兒將紙牆推倒，然後再從假山中間擠將出來，東嗅西嗅以後，抓起涼亭柱子一陣猛啃，活像將城市折騰得七葷八素的哥吉拉。

園林既崩，人們悲戚，最歡快的卻是女兒。

大概是裡面已經充滿了牠自個兒的氣味，牠便益發地放肆，肆無忌憚地將紙箱拆解成團，做出一個又大又厚實的窩。每次家中散步接近尾聲，必會跑進傾頹的園林裡，找個角落安頓下來，或享用囊頰裡暗藏的美食，或乾脆豪氣翻肚大睡一場。

有了豪宅，又有園林，聲色犬馬之欲也是得被滿足的。室友二號不知從哪兒弄來一座小鞦韆，兩條細細的鏈子牽著木片，手指輕推就會前後搖晃，卻十分穩當。女兒初時有些害怕，碰了一下便拔腿就跑，躲得遠遠的，一臉驚魂未定的樣子。有次使盡了水磨工夫，終於用小魚乾將牠引上了鞦韆，女兒吃得盡興，連鞦韆晃盪也毫無所覺，吃完了還站立作討要食物貌，從此牠就再也不怕鞦韆了，閒暇時也愛在上面發呆。

看女兒過著如富家員外般的生活，實在是很摧折心志。網路上討論過人生勝利組的定義，不外乎是要具備家中有錢、生活闊綽、外貌出眾、頭腦聰明等幾項條件。當時就有網友回應，過著這種舒舒服服，令人稱羨的日子，不就是在說倉鼠嗎？

或許是因為大多數的人類終其一生都無法兼備上述的條件，必須窮盡此生之力，才能讓自己保有某種既定水平線上的生活品質，然而，就算如此，也無法確保自己一定能永遠幸福快樂吧！生命中充滿太多不可預期的磨難，而這些磨難還未實現前，便是人們心中無可避免的煩惱。

身為人生勝利組（抑或該說是鼠生勝利組呢？）的女兒是否也有煩惱呢？室友認為：「大的煩惱肯定沒有，但每天該先吃東西還是先睡覺；該先洗澡還是先發呆，肯定就是牠的煩惱。」這樣的煩惱聽起來無比奢侈，絕對不是〈倉鼠人生〉的作者能夠體會的吧！

只是倉鼠的生命短暫，醒醒睡睡之間，日子也就流水般地過去了。女兒滿一歲，也算步入中年了，吃得比從前少，睡得倒比以前多，好在還是愛玩又好動，喜歡撒嬌又親人，那張小臉依舊像個秀氣小女孩，當從窩裡探出頭，還是會流露出稚嫩又好奇的神情。

所以或許我還是羨慕倉鼠的，畢竟這樣柔軟的人生，既滿足又豐盈，既緩慢又豪奢，沒有失去，也不懂得悲傷，只要雙手捧著喜愛的食物，就當自己是全世界最幸福的生命了。

國家圖書館出版品預行編目(CIP)資料

寫給牠——最珍貴的朋友＆家人 /
力得文化編輯部企畫. --
初版. -- 臺北市：力得文化,
2018.07　面；公分. -- (好心情；6)
ISBN 978-986-96448-0-8(平裝)

1.寵物飼養　2.通俗作品

437.111　　107008882

好心情　006

寫給牠　最珍貴的朋友＆家人

初　　版　2018年7月
定　　價　新台幣320元

企　　畫　力得文化編輯部
出　　版　力得文化
發 行 人　周瑞德
電　　話　886-2-2351-2007
傳　　真　886-2-2351-0887
地　　址　100 台北市中正區福州街1號10樓之2
E-mail　best.books.service@gmail.com
官　　網　www.bestbookstw.com
執行總監　齊心瑀
行銷經理　楊景輝
責任編輯　王韻涵
封面設計　楊麗卿
內頁構成　楊麗卿
印　　製　大亞彩色印刷製版股份有限公司

港澳地區總經銷　泛華發行代理有限公司
地　　址　香港新界將軍澳工業邨駿昌街7號2樓
電　　話　852-2798-2323
傳　　真　852-2796-5471

Leader Culture

Lead the Way! Be Your Own Leader!

Lead the Way! Be Your Own Leader!